新疆
设施农业机械化
生产技术

◎ 王国强　张彩虹　主编

中国农业科学技术出版社

图书在版编目（CIP）数据

新疆设施农业机械化生产技术 / 王国强，张彩虹主
编 . -- 北京：中国农业科学技术出版社，2024.7.
ISBN 978-7-5116-6947-6

Ⅰ. S23

中国国家版本馆 CIP 数据核字第 2024TZ3403 号

责任编辑　白姗姗
责任校对　李向荣
责任印制　姜义伟　王思文

出 版 者　中国农业科学技术出版社
　　　　　北京市中关村南大街 12 号　　邮编：100081
电　　话　（010）82106638（编辑室）（010）82106624（发行部）
　　　　　（010）82109709（读者服务部）
网　　址　https：//castp.caas.cn
经 销 者　各地新华书店
印 刷 者　北京建宏印刷有限公司
开　　本　170 mm×240 mm　1/16
印　　张　8
字　　数　140 千字
版　　次　2024 年 7 月第 1 版　2024 年 7 月第 1 次印刷
定　　价　60.00 元

目　录

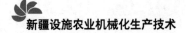

第一章

新疆农业机械化生产的发展历程、优势与前景

第一节　新疆农业机械化的定义与发展历程

一、农业机械化的定义

农业机械化是指运用先进适用的农业机械装备农业，提高农业的生产技术水平和经济效益、生态效益的过程。农业机械化是农业现代化的重要组成部分，其根本任务是用各种动力和配套农机具装备农业，从事农业生产，以提高农业生产率、土地产出率、资源利用效率，保护生态环境，减轻农民劳动强度，促进农村经济繁荣、技术进步和社会发展。

农业机械化的基本内容包括农业机械的设计制造、试验鉴定、销售推广、运用维修，农业机械化生产和农业机械化微观与宏观管理。农业机械化生产一般是指种植业的机械化生产，广义地则包括农、林、牧、副、渔各业生产过程及产前准备和产后农副产品加工、储藏和运输等的机械化。

二、新疆农业机械化生产的发展历程

新疆农业发展历史悠久。新疆古称西域，农业开发的历史较早，根据考古资料，至少有 4 000 年，从公元前 2 世纪汉朝经营西域进行大规模的屯垦算起，至今已有 2 000 余年。在漫长的历史岁月中，各族人民劳作不息，在这片土地上共同创造了独具特色的农耕文化，开展了各式各样的农事活动，积累了丰富的农业生产经验。从西汉时期开始，历代封建王朝统治者对新疆实行了不同程度的屯垦戍边政策，来疆屯垦戍边的官兵及随从家属带来了中原地区先进的农业生产工具和技术，对新疆的开发与发展做出了巨大贡献。经过数千年漫长的发展，到同治初年（约 1862 年）全疆耕地就有 1 360 万亩[①]，到光绪三十一年（1905 年）耕地有 1 174.07 万亩，古代新疆农业的开发为新疆社会经济的发展打下了坚实的基础。

（一）新疆农业机械化起步阶段

杨增新治理时期（1912—1928 年）尤为注重农业发展，在发展农业生产的

---

① 1 亩≈667 m²。

过程中尤其重视对旧式农具的改造和部分半机械农具的使用。

1. 引进先进的农机具

在"振兴实业"、发展农桑等政策的影响下，新疆政府竭力克服财政困难，从俄国引进先进的新式农机具在部分地区使用来发展农业。1914 年，塔城地区、伊犁地区以及阿山地区（今阿勒泰地区）等靠近俄国的边境地区已经开始使用新式犁具了，缩短了农户的劳动时间，节约了一定的劳动力。1916 年，新疆政府克服财政困难，由新疆军装局购进了一批"俄国种地机器"，将其分配至各地。这一批种地机器也在一定程度上提高了劳动率。

2. 引进技术人员和先进生产技术

为了解决新疆农业生产中机械技术人员匮乏的困难，与关内地区加强农业技术交流，杨增新向中央呈文，要求调配一部分学习农业的学生来新疆工作，以促进新疆农业的发展。在迪化（今乌鲁木齐）郊区开办农事试验场。农事试验场摸索测量雨量、温度、风向等工作为农业生产服务，同时在一定程度上还起到了防御自然灾害的作用。

杨增新治理新疆时期所采取的农业政策，尤其是从国外购买先进的农业机具和引进先进的农业技术，为后期特别是盛世才时期进一步发展农业机械化奠定了良好基础。

盛世才就任以后，他提出了新疆经济建设的方针："农业和牧业是新疆经济的基础。发展农业的必要条件，首先要开发水利；其次要使用农业拖拉机，逐渐走向农业机械化的道路等六条办法"。在盛世才发展农业政策的影响下，新疆掀起了一次以推广使用新式农机具、引进国外农机具和技术为主要内容的农业机械化运动。可以说盛世才就任时期是中华人民共和国成立之前新疆农业机械化发展最快、取得成绩最大的时期。

盛世才就任期间，政府尤其重视引进推广苏联先进的农业技术，购进各种类型的新式农机具，使新式农机具在全疆范围内得到了推广，如南疆较为偏远的乌恰、若羌等县农民都采用了新式农机具。1934—1943 年，新疆建设厅多批次多批量的引进苏联农机具，并在伊犁、塔城、阿勒泰、迪化等地加以推广。截至1942 年底，新疆引进的农机具已经达到了 10.5 万架、70 多个品种。其中代表性的有拖拉机、松土犁、圆片犁、弹簧耙、播种机、收棉机、割草机、割麦机、火犁束草机、清棉机、粉碎器等耕耙收割机具，这些近代新式农机具大批量出现在古老的新疆大地上，大大加快了新疆农业生产工具的更新换代，促进了新疆农业生产方式的变革，提高了新疆农业的生产力水平。据统计，1933—1942 年耕地从 463 万亩增加到 1 680 万亩，净增 1 217 万亩。粮食总产由 463 万石[①]增加到 1 173 万石，净增 710 万石，这是近代新疆农业史上增长最快的时期，同时也是近代新疆人口增长最快的时期，由 1935 年的 257.7 万人增加到 1942 年的 373 万人，7 年时间净增了 115.3 万人。

（二）新疆农业机械化生产的发展阶段

中华人民共和国成立以后与苏联之间建立了良好的外交关系，中苏之间加强了政治经济文化方面的交流与合作。中华人民共和国向苏联出口农副产品、矿产资源等，从苏联进口农机具设备。

中国向苏联在发展农业机械化方面寻求支援和帮助出于两方面原因：一方面，客观上是由于苏联农业机械化起步较早，农业机械化水平较高。1940 年履带式拖拉机数量占世界的 40%。1952 年，农业机械化率达到 87%，基本实现了农业机械化，故鉴于中苏友好关系能够直接为中华人民共和国发展农业机械化提供经验和帮助。另一方面，主观上是由于国内在开展大生产运动过程中，先进的农机具十分缺乏，开荒生产只能通过人力完成。如就新疆采棉而言，新疆棉花的棉铃开裂、吐絮 7 d 左右是最佳采收时间，由于棉铃的成熟时期不能完全一致，一块棉田至少需要"趟"上 4 次，才能够保证成熟的棉花应收尽收，以至新疆棉花的采摘期一般在 2~3 个月。连续两三个月的起早贪黑，一天十几个小时的风吹日晒，弯腰弓背，时间长，劳动强度大，身体很容易累垮。1949 年起，农业部不断从苏联进口农业机械设备，进口的农机设备均分配至全国各省区。在新疆，1950—1962 年进口的拖拉机、播种机和"康拜因"达 6 000 余台，累计金额达 8 317.89 万卢布。其中 1953 年进口农机订货金额就达到了 1 271.3 万卢布。到 1957 年，仅拖拉机进口达 2 万余台。

由于 20 世纪 60 年代以后中苏关系恶化，苏联终止了与中国的一切贸易关系，从苏联进口新式农机器具来发展农业机械化也不太现实。在中苏关系恶化、国内生产紧张的局势影响下，新疆农业发展机械化不得不走上一条自主制造农机

---

① 1 石 =120 斤，1 斤 =500 g。

具设备之路。其实早在新疆解放以后，各级人民政府就已经采取了措施，要自主制造各类型的旧式农具。例如当时的驻疆人民解放军部队组织 11 万人参加农业生产，参加生产的同时决定由部队收集废旧钢铁，发动能工巧匠，自力更生，自造自用。新疆军区及隶属单位在 1950 年一年内自制了坎土曼、三角锄等各种类型的旧式农具，将近 18 万件。全疆各地当时都较重视旧式农具的制造，自制了铁锹、犁铧、锄等农具达 82 000 余件，在一定程度上缓解了当时农业生产过程中农具欠缺的困难。在这一时期，自主创造的农具主要以旧式农具为主，但与此同时，政府也逐渐开始尝试并推广半机械化农具的自主制造，并取得了明显的成效。

新疆于 1951 就开始尝试自制半机械化农具。这一年，新疆军区二十二兵团二十五师（现农八师），试制成了 5 行畜力播种机。1952 年，二军六师、二十二兵团二十五师又成功自制了中耕机、棉花条播机等半机械化农具。从 1953 年开始，全疆地区建立半机械化农具制造厂，半机械化农具的制造浪潮在新疆大地上轰轰烈烈展开。北疆地区主要以 1953 年成立的新疆机器厂（今新疆联合收割机厂）为主，该厂在 1953—1957 年是北疆地区制造半机械化农具最多的工厂，"共制造了二十一种类型的半机械化的农具，总计 14.7 万余架"。南疆地区主要以 1954 年成立的喀什农具厂为主，"先后共制造了 1.56 万架"。随后自治区农业、农垦、畜牧、水利、林业、粮食等厅局在全疆相继建立了农机厂、机械厂等 30 多个，这些厂主要或部分承担着农业、牧业、林业等半机械化农具制造的任务，自主制造了各种犁、播种、中耕、喷药、收割及割草、搂草等农机具。1956 年全疆各县手工业完成社会主义改造以后，个体手工业者相继组织集中制造各种农具。1958 年县级手工业联社先后改建为农具厂。到 1961 年，有厂（社）79 个，其中，54 个厂（社）曾制造（5 寸、7 寸）步犁、23 号单铧犁、双轮双铧犁、播种机、中耕机、镇压器等，一些厂后来逐步发展为半机械化农具的专业制造厂。1962 年，随着自治区政府精简、调整部分农机企业，半机械化农具产量减少，农机具品种增加，质量稳步提高。1965 年以前，新疆自制半机械化、畜力农具品种将近 30 种，主要有摇臂式、太谷号等收割机，手摇种子精选机，药剂拌种器，磨刀机，割草机，搂草机，以及人力、畜推、拉小型胶轮车。1953 年自主制造 0.94 万架，1956 年年产 4.1 万余架，1960 年产量达 8.2 万架，其中，犁类数量为最多。机具品种、数量的大增，为 1954—1965 年全疆迅速实现以犁为主的半机械化工作提供了物质保证。

（三）新疆农业机械化生产的快速发展

1966—1980 年，在毛主席"农业的根本出路在于机械化"指示的鼓舞下，农业机械化有了较快发展。实行了国家和集体投入相结合的政策，全民所有制和集体所有制相结合的方式。依靠国家的投入，建立了公社拖拉机站。大队集体投入并建立了大队机耕队。农机的使用以进口和国产相结合，国产为主，进口为辅，同时以粮食生产机械和运输机械为主。大中型农机具发展较快。同时，重点发展了人民公社机械化，大多数地（州）、县（市）建立农机管理机构和县农机修理厂，部分地区建立了农机人员培训点和农机研究所。新疆农业机械化步入了快速发展时期，自治区党委决定成立自治区农牧机械管理局，主管全疆的农机化行政管理工作，同时成立了农牧机械化领导小组。至此，自治区农机化工作正式纳入了政府管理的轨道上。农机化的起步阶段和快速发展阶段都是在高度集中的计划经济体制下进行的，农业机械作为重要的农业生产资料，实行了国家和集体所有，国家和集体经营，不允许个人所有的政策。在这样的政策指导下，虽然依靠国家的投入，农机化形成了较完整的农机工业体系，农机装备大量增加并成为农业生产的重要物质基础。但是，由于国家高度集中的计划经济，使得农机效益非常低下，严重阻碍了农业机械化的健康发展。

1981 年开始全面贯彻落实中央十一届三中全会精神，新疆农业机械化出现了新的发展格局。农机经营形式出现了重大变化，随着我国经济体制改革的不断深化，市场在农机化发展中的作用不断增强。国家对农机化的投入在逐步减少，对农机工作的计划管制日益放松，同时允许农民自主购买和使用农机，农机化由计划经济转入市场经济，农民个体和联合经营组织成为农机化的主体，农民成为农机投资的主体和所有者。个体购买农机的数量迅猛增加，机械作业领域进一步拓宽，农机装备总量有了较快增长，农机化发展步入了持续增长的阶段。

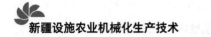

第二节　新疆农业机械化的优势

一、新疆农业资源丰富

新疆农业自然条件好，优势突出。新疆地处亚欧大陆中心，中国西北边陲，远离海洋，具有独特的自然地理环境，总面积达到了 166.04 万 km²，占中国总国土面积的 1/6，是中国面积最大的省级行政区。境内自北向南分布着阿尔泰山、天山、昆仑山三大山系，形成了新疆"三山夹两盆"的地形地貌格局。新疆农业历史悠久，经过漫长的发展，逐渐成为现阶段我国的农业大省，这是与其自身独有的自然条件密不可分的。新疆农业发展的自然条件优势突出，主要体现在以下几个方面。

1. 地域辽阔，耕地面积多

新疆地域辽阔，东西南北跨幅较大，资源组合条件好。新疆土地面积超过 160 万 km²，折合 24.95 亿亩，约占全国土地总面积的 1/6，其利用结构为：农用地 8 806.44 万亩，约占全疆土地面积的 3.53%；待用地 6 833.91 万亩，约占全疆土地面积的 2.74%；农林牧地合计占 105 121.49 万亩，约占全疆土地面积的 42.13%。新疆有宜农可垦土地 1.4 亿亩（北疆占 55.2%，南疆占 44.8%），是全国土地利用率较低的省区之一，同时也是全国垦殖率最低的省区。加之宜农土地单块面积大，地势平坦，非常有利于农业机械化生产。

2. 光热资源丰富

新疆气候干燥，阴天少，晴天多，日照时间长，日照百分率达 60%～80%，热量资源丰富，全年日照数达 2 500～3 500 h，远远超过我国同纬度东部地区。超过 10℃ 的活动积温在北疆南部和西部为 3 000～3 500℃，南疆为 4 000℃ 以上，吐鲁番则高达 4 500～5 500℃。农作物生长期内光照充足，日照百分率大，十分有利于农作物的生长发育和有机物质的积累。

3. 河流众多，水资源丰富

新疆境内河流甚多，境内有大小湖泊 100 多个，大多位于河流终端。发源于山间的河流有 300 多条，较大的有塔里木河、伊犁河、额尔齐斯河等，其中伊犁河为新疆水流量最大的河流，年径流量达到 158 亿 m³。全疆河流总径流量超过

800 亿 m³，南北疆大致各占一半。人均占有河流量超过 8 000 m³，比全国平均水平高 1.5 倍。在合理利用条件下，现有地表水可用于灌溉的土地面积有 19 000 万亩以上，地下水的总动储量，如按地表水渗漏 30% 计算为 200 亿 m³ 以上，可灌溉面积达 4 000 万亩以上，地表水和地下水总共可灌溉面积在 24 000 万亩以上。全疆水域面积约为 7 000 万亩，在两大盆地周围和三座大山境内，有很多山间小盆地、河流和山脉，山脉积雪形成了大小不同的河流。绿洲块则沿盆地边缘和河流分布，水量相对稳定，地下水和冰川储量都比较丰富，封闭半封闭的盆地虽然降水量比较少，但也能用积雪融水和地下水来灌溉，耕地中 90% 的都是水浇地，据《新疆纪略》记载："天不下雨而膏，地不壅而肥"，众多河流和湖泊为发展新疆农业提供了良好的条件。

二、新疆农业发展历史悠久

新疆古称西域，农业开发的历史较早，根据考古资料，至少有 4 000 年左右，从公元前 2 世纪汉朝经营西域进行大规模的屯垦算起，至今已有 2 000 年。在漫长的历史岁月中，各族人民劳作不息，在这片土地上共同创造了独具特色的农耕文化，开展了各式各样的农事活动，积累了丰富的农业生产经验。从西汉时期开始，历代封建王朝统治者对新疆实行了不同程度的屯垦戍边政策，来疆屯垦戍边的官兵及随从家属带来了中原地区先进的农业生产工具和技术，对新疆的开发与发展做出了巨大贡献。经过数千年漫长的发展，到同治初年（1862 年）全疆耕地就有 1 360 万亩，到光绪三十一年（1905 年）耕地有 1 174.07 万亩，古代新疆农业的开发为新疆社会经济的发展打下了坚实的基础。

第三节　新疆农业机械化的展望

新疆地域辽阔、资源丰富，开展农牧业生产潜力很大，目前，国家已把新疆列为棉、糖开发区和粮食生产基地。同时，新疆有着发展农牧业和瓜果等得天独厚的自然条件和巨大潜力，为发展农业机械化提供了广阔的领域。今后几年是新疆实现农业现代化的关键时期，也是加快改造传统农业的重要时期。因此，新疆将从有选择、有重点地发展农机化逐步转向基本实现农业生产全过程机械化。为此，新疆农机化要做好以下工作。

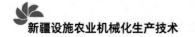

一、全面提高农业机械装备技术水平

以新疆农业主导产业发展需求为主，做好新疆农机装备区域的规划和布局。同时，结合农业产业结构调整，以棉区、牧区、园艺等多种特色作物区需要新型的农机具和产品加工设备的特点，重点推广应用精良播种、保护耕作、科学施肥（药）、残膜回收等先进适用的机械设备及技术。加快研制引进推广玉米、棉花收获机械，加大残膜回收机械化技术的攻关力度，使玉米机械化收获得到全面普及，棉花收获机械及残膜回收机械技术得到重大突破。同时，要加大政府宏观调控力度，努力实现大中小型及高中低档农业机械，并合理配置动力机械与配套机具、粮棉机械与林果和畜牧、特色农业和设施农业机械及农产品加工机械，全面提高农业机械装备水平。

结合新疆实际，推广农机科技含量高的应用技术，发挥项目的示范带头作用，影响、带动周边地区农机化的发展。如优质棉基地建设项目，以机采棉机具引进、应用，实现棉花种植全过程机械化。突出实施精准农业示范工程，主要是依靠先进的农业机械技术装备，完成现代化种植业的要求，并且要推进农业机械向农业产前产后延伸，提高农业产品全程化的机械化水平。发挥农机化在农民增收中的作用，紧贴农业结构调整、农业先进科技的发展，提高自身的科技水平，重点以节本增效机械化技术降低农业生产成本。

二、提高农民素质，加强农业基础设施的建设

针对新疆少数民族农民汉语沟通能力低下、文化科技素质不高的现实问题，新疆要大力普及农村九年义务教育，深化农村义务教育经费保障机制改革；充分发挥职业学校的作用，广泛运用现代媒体和远程教育手段，扩大农民科技培训的覆盖面；采取政策引导、技术服务、信贷支持等一系列措施，扶持农村种植、养殖能手、营销大户，提高他们的技术和经营管理水平，发挥示范带动作用；鼓励高等学校、中等职业学校毕业生、乡土人才从事现代农业经营。同时，政府要切实加大对农村劳动力转移培训实训基地建设的投入力度。

三、增强服务功能

要从经营机制创新入手，培育和完善多种经济结构及经营形式的农机服务组

织。首先，要对现有的农机服务组织经营形式进行改组和改造，县级、乡镇农机服务组织可以实行股份制或股份合作制经营。要重点鼓励和引导农民自愿建立各种农机装备合作社和农机作业协会以及农机服务队，以及其他形式的联合组织和合作组织，带动农机户从事社会化服务。其次，要鼓励和发展农机自选市场，大力支持农机科研、鉴定、推广单位进入市场，充分参与市场营销活动，使之形成一个规范、有序、布局合理和方便农民的农机市场体系。最后，要不断拓宽农机服务领域，加强信息服务和网络建设，切实搞好农机培训教育工作，努力提高农机管理人员和操作人员的素质。同时，加大对外交流与合作，实施农机"走出去"战略，拓宽对外交流的渠道，学习国内外先进的农机化技术，来提高自身的创新能力。

四、加强东西部合作，增强对农业的对口帮扶力度

充分发挥东部地区人才、资金及技术的优势，同时，结合新疆农产品资源优势，在互利互惠的基础上，加强地区间的合作，实现优势互补。重点是要利用好东部发达的现代农产品加工带动新疆农业向西开放，建成独具特色的外向型农产品出口基地。在现有对口帮扶基础上，增强对农业领域的对口帮扶，重点对人才培养和扶持大中型龙头企业给予支持，以促进并加快新疆农业产业化的发展。

第二章

新疆农业机械化育苗技术

第一节　育　苗

一、育苗的概念

蔬菜育苗，就是将要栽培蔬菜的种子，先播种在苗床内育苗，待幼苗长到一定大小时，再定植到大田中去的作业过程。

二、育苗的意义

农以种为先，育苗是关键。蔬菜育苗的实质，一是在气候不适宜育苗的季节，利用设施、设备及先进的生产技术，人为地创造适宜的环境条件，培育出健壮的秧苗，在气候适宜时再移栽到大田；二是针对目前国内蔬菜生产中保护地生产面积比重小的现状，利用有限的保护设施，集中播种集中管理，提高劳动力和能源的利用率；三是在人为控制的最佳条件下，充分利用自然资源，采用科学化、标准化的技术管理措施，运用机械化、自动化手段，形成快速、优质、高产、高效生产蔬菜种苗的工业化流程；四是节约土地、减少人力投入。

（一）生物学意义

1. 使蔬菜提前生长发育

这种早期栽培环境的改变对蔬菜作物可产生本质的生物学影响。如在早春保护地条件下培育黄瓜秧苗，不仅使生长发育提前，同时也给黄瓜的早期阶段创造了促进雌花发育的低温短日照条件，为黄瓜的早熟丰产打下良好基础。

2. 为蔬菜生长提高生物学有效积温

任何蔬菜生育期的完成都需要一定的有效积温。通过育苗提高有效积温，起到提早成熟或延长生长期的作用。

通过育苗增加积温，不能简单地看作是"数量"的效应，还应看到由于生育期提前而产生环境条件改变对产量形成的影响。如花椰菜的春季育苗栽培，不仅使花球形成提早，还避免了高温对花球形成及花球质量的不良影响。

3. 人工生态环境对幼苗的影响

这种影响有时表现在"量"的方面，如提高温度，加强营养，创造短日照条件；有时主要表现在"质"的方面，如创造适宜的温度条件，防止甘蓝的"未熟抽薹"等；有时是"量"和"质"的作用兼而有之，如洋葱育苗栽培，由于整个物候期的改变而使长日照刺激下的鳞茎膨大期处于营养生长较佳时期，既可增加积温，也可提高产量。

总之，采用育苗移栽的方法，是争取农时，减少用工，增加茬口，增加复种指数，充分利用季节与地力，减少病虫害危险和自然灾害损失，提早成熟，增加早期产量和总产量，增产增收的一项重要的技术措施。

（二）现实意义

对于全国大多数蔬菜种植区来说，隆冬及初春，气温低、光照严重不足，影响早春蔬菜幼苗正常生长发育；夏秋季气温高、日照强、伏旱延续时间长，也不利于秋延后蔬菜栽培。因此，在蔬菜生产上，为了避免不良气候的影响，采取保护设施提早培育秧苗，缩短在大田的生育期，提高土地利用率，提早成熟，增加早期产量，从而增加单位面积产量，提高经济效益；节省用种，提高大田的保苗率，确保田间植株生长一致；有利于防止自然灾害及不良环境对幼苗的危害与胁迫，有利于提高幼苗素质，保证蔬菜稳产、丰产；便于茬口安排与衔接，有利于集约化栽培的实现；幼苗运输难度不大，可充分利用异地的资源优势进行育苗，降低栽培成本，提高生产效益；育苗业的发展，不但有利于蔬菜产业化生产的实现，而且可减轻生产单位的经济与技术压力，促进蔬菜商品生产的发展。

三、优质壮苗的形态特征及评价标准

蔬菜种类繁多，不同的种类、品种对环境条件的要求不同，在不同的环境条件下，育苗的方式、技术又有很大的差异。环境条件中温度、光照、水分、空气、土壤养分等是蔬菜幼苗生育必不可少的条件，在育苗过程中，只有满足其所需要的条件，才能培育出健壮的幼苗。

为了培育壮苗，必须创造适宜的环境条件。蔬菜育苗，特别是保护地育苗，在一定程度上能人为地创造适宜幼苗生长发育的环境条件。通常所说的壮苗，应包括无病虫害、生长整齐、株体健壮三方面。从生产效果上看，壮苗是指幼苗本身有着较强的潜在生产能力，即高产量、高品质、高产值。

壮苗常通过形态标准、生理生化标准来评价。

（一）幼苗的常见形态

幼苗的形态因素，一般包括幼苗的高度、粗度、叶片数、叶色、株形、叶面积、根系大小和株干重、鲜重等。这些因素一直是传统育苗技术中常用来衡量幼苗素质的指标。

1.壮苗的形态特征

壮苗是指茎粗短、节间密、叶肥厚、色浓绿、根系发达、无病虫害、无损伤、抗逆性强、发育良好的幼苗。生产中对果菜类壮苗的要求是种苗矮壮、直立挺拔、茎粗节短、叶厚色深；番茄、茄子壮苗要求子叶背面带紫色，茎、叶上茸毛多，基部叶较平展；瓜类壮苗要求子叶肥大，胚轴粗壮，真叶舒展，根系发达、侧根多、根毛雪白、新鲜。

2.弱苗及徒长苗的形态特征

弱苗及徒长苗表现为茎细、节间长、叶片过大或过小、叶片薄、叶色淡、子叶甚至基部的叶片黄化或脱落，根系发育差，须根少，病苗多，抗逆性差等。弱苗定植后缓苗慢，易引起落花落果，甚至影响蔬菜产品商品性和产量。

（二）幼苗植株的生理生化标准

由于育苗方法不同，育苗环境不同，育成的幼苗外部形态相似，但苗龄及生理生化差异大不相同，幼苗定植后的生长发育表现及产量差别很大，因此，单从形态来判断幼苗素质不够全面、准确，进一步通过测定生理生化指标来综合判断就更具科学性。

在实际生产中，秋苗生长处于壮苗与弱苗的动态变化之中。如番茄子叶呈披针形，较宽大而平展，表示生育正常，若胚轴长达 3 cm 以上、子叶小而细长，则由于高温、高湿引起徒长；反之，胚轴过短、子叶瘦小，则是由于低温、干旱妨碍了生长发育。番茄在成苗期，叶形肥厚，子叶大小适中，叶柄较短，叶色发绿为正常苗。叶形长，呈三角形，复叶大而浓绿，顶部叶片显著弯曲，茎的节间长，自下而上的节位顺次变粗，整个植株呈倒三角形，则为徒长苗，原因是氮素过多，夜温和地温过高；反之，叶形小、叶色淡、复叶小、节间短、不能正常伸长的是老化苗，形成原因是夜温、地温过低，水分、肥料不足等。

（三）苗龄

苗龄是表示幼苗生长发育程度的统称。一般来说，壮苗与苗龄大小无关，不论苗龄大小都有健壮与不健壮的幼苗。但是，对以提早成熟与提高产量为主要目标的冬春保护地生产来说，幼苗素质对生产效果的影响又与苗龄关系密切。因此，要全面认识苗龄。

一般耐移栽的蔬菜，如番茄，苗龄可适当延长，大苗定植；不耐移栽的蔬菜，如茄子，则应适当缩短苗龄。一般生产上蔬菜控制苗龄（期）临界终期是：茄果类蔬菜幼苗现蕾；瓜类蔬菜幼苗团棵。

1. 生理苗龄

生理苗龄是以幼苗生长发育到某种状态来表示。不同蔬菜种类或同一蔬菜不同品种，适宜的幼苗苗龄标准也不同。通常同一蔬菜种类，中早熟品种比晚熟品种要小些，如早熟甘蓝以 5 叶龄为宜，中晚熟品种以 8 叶龄为宜。同一品种蔬菜幼苗的生理苗龄在不同地区、不同栽培条件、不同栽培季节也不相同。如同一品种的番茄需要达到 8 片叶、现花蕾的生理苗龄，在一般阳畦育苗条件下需要 70～80 d，而采用温室电热温床育苗仅需 50～55 d，如用现代化智能温室育苗，40 d 左右即可。

2. 日历苗龄

日历苗龄是指从种子播种至定植到大田前所经过的天数。一般来说，日历苗龄长的幼苗较大，反之较小。但是在实际生产中往往是同样的育苗天数，幼苗素质却大不相同，而不同的育苗天数也可以培育出发育程度相似的幼苗。这种现象是由育苗技术、育苗条件不同造成的。

在育苗实践中，培育壮苗必须要有适宜的苗龄，也就是说要培育适龄壮苗。所谓适龄壮苗是指苗龄适当，既不超龄，又不太小，定植后能适时成熟，获得高产、稳产的壮苗。例如，在育苗方法和育苗环境相同的条件下，甜椒叶龄与幼苗的株高、茎粗、全株干重以及根系总表面积和活跃吸收面积呈正相关。根系活跃吸收面积占根系总吸收面积的百分率随叶龄增大而增大，到 8.8 叶龄时达到最高，如果叶龄再大，则这个百分率变小。如上所述，评价壮苗的标准有若干指标，但最终的标准还是用产量来衡量的。就叶龄而言，甜椒在 8.8 叶龄时早期产量和总产量最高，12 叶龄的早期产量和总产量只有 8.8 叶龄的 83.6% 和 81.5%，而 6.6 叶龄则分别只有 8.8 叶龄的 71.5% 和 72.9%（表 2-1）。这说明叶龄太大或太小都会对产量产生明显的影响，只有叶龄适宜时，才能在生产中获得高产。

如果在评价壮苗时，只注重生理苗龄而忽视日历苗龄，会造成判断上的错误。若生理苗龄相同而日历苗龄不同，其幼苗的生理特性和产量潜势也会有差异。相应的研究结果表明，生理苗龄相同而日历苗龄较长的番茄幼苗，因早春低温使其第一穗花芽分化较早、着生节位较低而表现出一定的早熟性。单从这一方面看，似乎日历苗龄较长，幼苗定植后表现早熟。但是，日历苗龄较长的幼苗，育苗温度往往低于花芽分化的适温下限，如番茄幼苗在 10℃ 以下时花芽分化受阻，分化不正常，开花时落花落果率高，畸形果增加；同时根系活性弱，苗期病害也大大重于苗龄短的幼苗，缓苗时间长，这对其早熟性又有不利的影响（表2-2）。相反，在适温范围内育成的日历苗龄较短的幼苗，定植后表现为生长发育旺盛，根系活性强，落花率低，也往往容易获得较高的前期产量。如茄子幼苗在5 叶龄时，日历苗龄 70 d 的幼苗比 116 d 的幼苗定植后早期产量提高 34.8%。

表 2-1　甜椒叶龄与产量的关系（朱元林，李慧敏）

叶龄 / 叶片数	绝对苗龄 / d	早期产量 / （kg/ 亩）	相对产量 / %	总产量 / （kg/ 亩）	相对产量 / %
12.0	100	1 809.3	83.6	3 235.7	81.5
10.4	93	1 870.4	86.4	3 768.5	95.0
8.8	81	2 164.5	100	3 968.5	100
7.2	72	1 631.7	75.4	3 163.5	79.7
6.6	62	1 548.5	71.5	2 891.6	72.9

注：相对产量以 8.8 叶龄的产量作为 100%。

表 2-2　番茄幼苗的日历苗龄与幼苗素质的关系

生理苗龄 / 叶片数	绝对苗龄 / d	第一穗花着 生节位	第一落花率 / %	根系活跃面积 比率 /%	猝倒病率 / %
8	114	7.6	27.36	96.7	50
8	96	7.6	25.0	99.6	50
8	70	8.1	20.0	98.3	10
8	50	8.0	3.6	100	0

四、幼苗株型控制

对于商品苗生产者来说，整齐矮壮的幼苗是始终追求的目标。很多育苗者为此付出了很大的努力。

为获得合适的地上部与根部比率，需要对幼苗的生长进行控制，育苗者应该根据生产计划调整每种作物的生长情况，或促进根的生长或促进苗的生长，或加速或抑制秋苗的生长。

（一）常见问题

1. 地上部分生长过量

（1）生长症状。苗子徒长，叶片大而软，根系较差。

（2）管理措施。降低温度或者采用负昼夜温差；使用透气透水性好的基质，减少喷水压力，防止基质过于密实；避免浇水过多；使用硝酸钙或其他高硝态氮肥料并补充钙；增加光强，也可以促进钙的吸收；使用激素调控。

2. 根系生长过盛

（1）生长症状。叶小、颜色浅、节间过短且顶端小，根多，一般在光照强、湿度低的季节或地区容易发生。

（2）管理措施。增加温度，并加大昼夜温差；提高环境湿度、加大水分用量；使用保水力较强的基质；降低光照水平，遮阴；多用铵态氮和酰胺态氮，增加磷的用量，少用硝态氮和含钙高的肥料。

（二）株型控制方法

1. 激素控制

在生产实践中很多育苗者会选择使用化学生长调节剂来调控植株的高度。使用时要注意：①适时适量；②多种药剂谨慎搭配，科学调控植物生长剂的使用；③植物生长调节剂不能随意与农药搭配，以避免不良反应的发生。

2. 农艺措施控制

（1）负昼夜温差。夜间温度高于白天温度3℃以上，对控制株高非常有效，生产上的做法是尽可能降低日出前后三四个小时的温度。

（2）环境调节。降低环境的温度、水分或相对湿度、用硝态氮肥来取代铵态氮肥，或整体上降低肥料的使用、增加光照等方法都可以抑制植物的生长。

（3）其他。还有一些方法如拨动法、振动法和增加空气流动法等，都可以抑制植物的长高。如每天对番茄植株拨动几次，可使株高明显下降，这种做法要注意避免损伤叶片，对辣椒等叶片容易受伤的蔬菜，则不适合这样做。

第二节　传统的育苗实用技术

一、配制营养土

（一）营养土与培养壮苗的关系

蔬菜幼苗的生长，除具备良好的自身素质（内在作用）外，还受水分、光照、温度、气体等环境因素（外因作用）的影响。蔬菜根系吸收作用的强弱与营养土的温度、湿度、酸碱度和透气性等有密切关系。

1. 营养土的肥沃度

幼苗的吸肥量尽管很小，但由于其密度大，单位时间内单位面积上的需肥量也较大，因此，苗床土要求很肥沃才能保证幼苗的生长需要，如果土壤贫瘠，营养供应不足，幼苗生长发育受阻，就会引起缓苗不发。为了保证土壤肥沃，应合理增施多种肥料。虽然氮肥是培育壮苗、生长叶片的主要肥料，但不可重施、偏施氮素化肥，否则会导致苗子徒长，抗性降低。

2. 土壤中矿质盐类的浓度

幼苗根系所能忍耐的土壤中无机盐的浓度要比成株期小得多。因此，既要使床土中含有丰富的矿质盐类，又要不使土壤中盐的浓度过高。为了达到这个目的，必须使床土中含有较高的有机质，靠有机质中的腐殖质胶体吸附矿质元素，使土壤中盐的浓度保持较低的水平。当土壤溶液中的矿质元素被作物利用以后，腐殖质胶体吸收的矿质元素可释放出来供给根系利用。

3. 床土的酸碱度

蔬菜适宜中性至微酸性土壤，生长发育最适宜的 pH 值 6.5 左右，可适宜的范围为 pH 值 5.5～7.5。土壤酸性过强（pH 值<6）时，可导致根的吸收功能减退。酸性土壤中，磷肥易与铁铝化合形成难溶性的磷酸铁、磷酸铝，这些物质

不但很难被根吸收，而且能减弱土壤中微生物的活力。土壤碱性偏大（pH 值＞7.5）时，不但对根有害，而且可使磷、锌、锰等矿质元素的溶解度大大降低；与钙结合形成磷酸钙，不能被根吸收利用。有的地方用塘泥、河泥来配制育苗床土，切记使用前一定要先播上几粒种子看其能不能出芽，并观察其长势，以试验它的酸碱度高低。有条件的可用 pH 试纸测试。

4. 培养土的透水性、保水性及床土的通气状况

在团粒结构良好的土壤中，各个团粒之间的孔隙大，容易透水，并可容纳大量空气，而在每个团粒之内都能保持较高的水分，故在配制床土时应施入大量腐熟的有机肥，以保持床土较好的团粒结构。

（二）营养土应具备的条件

蔬菜幼苗对于土壤温度、湿度、营养和通气性等都有较严格的要求，营养土质量的好坏直接影响幼苗的生长发育。根据蔬菜幼苗生长发育的特点，第一，要求营养土必须含有丰富的有机质，一般要求有机质含量不低于 5%，以改善土壤的吸肥、保水和透气性；第二，要求营养土营养成分完全，具备氮、磷、钾、钙等幼苗生长必需的营养元素（氮、磷、钾的含量分别不低于 0.2%、1% 和 1.5%）；第三，要求营养土具微酸性或中性（pH 值 6.5～7），以利根系的吸收活动；第四，要求营养土不能有致病病原和害虫（包括虫卵）；第五，要求营养土具有一定的黏性，以保证幼苗移植时土坨不易松散。

（三）营养土的基本配方

1. 有机肥料为主的配方

（1）播种床配方。有机肥 4 份，园土 6 份，同时在每 1 000 kg 粪土中加入尿素 0.2 kg，磷酸二铵 0.3 kg，草木灰 5～8 kg，50% 甲基硫菌灵可湿性粉剂或50% 多菌灵可湿性粉剂 100 g，2.5% 百虫毙可湿性粉剂 1 kg。

（2）分苗床配方。由于分苗床需要床土具有一定的黏性，有利于起苗时土坨不散。因此与播种床相比，要加大园土的量，一般用有机肥 3 份，园土 7 份，其他肥料与杀菌、杀虫剂的量与播种床相同。

2. 无机肥为主的配方

1 000 kg 园土，加尿素 250 kg，普通过磷酸钾 1 500～2 500 g，50% 硫酸钾

500～1 000 g，硼、镁、锌肥各 200 g，烘干鸡粪 20 kg，1.8% 爱福丁乳剂 250 g，70% 敌克松可湿性粉剂 150～250 g。

（四）营养土配置技术

1. 配制时间

播种育苗前 60 d 为配置营养土较佳时间。

2. 园土的选择

园土要选择 3～5 年内未种过茄科类作物的中性肥沃土壤，同时最好也不用前茬是蔬菜地和种过豆类、棉花、芝麻等作物（这些作物枯萎病发病率高且重）的土壤，以前茬是葱蒜类蔬菜的园土较好。取土时要取地表 0～20 cm 的表层土。理想的园土应该是疏松肥沃，通透性好，无砖、石、瓦、砾等杂物，无草籽、病菌、虫害以及虫卵。

3. 有机肥的选择

低温季节育苗宜选用马粪、鸡粪、羊粪、豆饼、芝麻饼等暖性肥料。高温季节育苗选用鸭粪、猪粪、牛粪、塘泥等冷性肥料为好。这些有机肥，可以单用，也可以混用，但不论怎么使用，在使用前必须将有机肥充分腐熟发酵，塘泥晒干碾碎，以杀灭其中的虫卵和有害的病原菌，减少苗期病虫害的发生；同时有机肥充分发酵后，其中的有机质更方便幼苗吸收利用。

4. 营养土的消毒处理

营养土的消毒是营养土配制过程中的重要环节。

（1）福尔马林消毒。播种前 20 d，用 40% 福尔马林 200～300 mL 加水 25～30 kg，消毒床土 1 000 kg。在营养土配制时边喷边进行混合，充分混匀后盖上塑料薄膜，堆闷 7 d，然后揭去覆盖物，晾 2 周左右，待土中福尔马林气体散尽后，即可使用。为加快气体散发，可将土耙松。如药味没有散完，可能会发生药害，不能使用。此法可消灭猝倒病、立枯病和菌核病病菌。

（2）高温消毒。夏秋高温季节，把配制好的营养土放在密闭的大棚或温室中摊开（厚度在 10 cm 左右较适宜），接受阳光的暴晒与温室的蒸烤，使室内土壤温度达到 60℃，连续 7～10 d，后降至室温待用。

（3）化学药剂喷洒。床面消毒用 50% 多菌灵可湿性粉剂或 70% 甲基硫菌灵可湿性粉剂消毒。用上述药剂 4～5 g，先加水溶解，然后喷洒到 1 m² 大小及厚

7～10 cm 的床土上，拌和均匀。加水量依床土湿润情况而定，以充分发挥药效。

二、播种前的准备

（一）育苗设备的选择

苗床性能的好坏主要由育苗设施决定。育苗设施有很多种，根据其构造的不同，分为冷床（阳畦）、温床、塑料小棚、塑料中棚、日光温室以及遮阳、防雨和防虫设施等几类。不同类型的育苗设施其性能不同，用于蔬菜育苗时产生的效果也有很大差异。因此，在生产中，应根据栽培季节、栽培方式、资源条件等因素综合考虑，以选择适宜的育苗设施。

（二）播前检查

1. 设施检查

育苗前首先对育苗设施进行一次检查，主要检查水、电是否畅通及保温、降温性能是否良好等。对点热线试通电，查看温度分布状况。酿热温床查看床面温度是否均匀等。

2. 品种检查

主要检查需要数量及复检发芽率。

三、苗床制备

1. 普营养土

准备进行撒播育苗的，在播种前 7～10 d，把配置好的营养土铺在做好的育苗床上，整平压实，厚度 10 cm 左右，然后浇水，待播。每平方米床面约需营养土 120 kg。

2. 装钵（盘）与摆钵（盘）

选择育苗钵或者穴盘进行育苗的，事先要把配制好的营养土装入育苗钵（盘）内，然后把装好土的育苗钵（盘）摆入育苗床中。育苗钵（盘）装土不可过满也不可过少，使其与钵（盘）口齐平即可（浇水后会自然下陷）。

3. 浇水

在播种前 1 d，苗床要浇透水；育苗钵育苗的，播种前再逐钵浇水。水下渗

后即可播种。利用营养土方育苗的土方好后，直接进行播种即可。

4. 种子处理

培育壮苗是育苗的目的，也是获得高产的关键。为减少病虫害的发生，缩短出苗时间，进而培育出健壮的幼苗，一般要在播种前进行种子处理。

（1）温汤浸种。方法是将干种子倒入 55～60℃ 的热水中，水量为种子量的 5～6 倍，不断搅拌和添加热水，使种子受热均匀，保持恒温 15～20 min，水温降至 30℃ 再继续浸种，最后用湿纱布或毛巾包好后催芽。

（2）种子消毒。可选用 10% 磷酸三钠溶液浸种 10～15 min，或 1% 硫酸铜溶液浸种 5 min。严格掌握药水的浓度和浸种时间，药液处理后一定要用清水将种子冲洗干净。

（3）催芽。将浸种后的种子用湿纱布或湿毛巾包好，放在大碗或者小盆中，温度保持在 25～30℃，每天用温水将种子淘洗 2 次，洗净种皮上的黏液，洗后将种子摊开透气 10 min。当 75% 的种子芽尖露白即可播种。为防治枯萎病，可在浸种前用 40% 福尔马林 100 倍液浸种 10～20 min，然后充分清洗干净，再浸种催芽；也可用 50% 多菌灵可湿性粉剂 600 倍液浸泡种子后催芽。

四、播种

1. 播种期的确定

适宜的播种期对于蔬菜生产来说非常重要。如播种过早，苗育成后由于外界温度低或茬口腾不出无法定植，导致苗龄长，根系易木栓化，定植后僵苗不发；如播种过晚，不能最大限度地发挥其增加和延长生育期的潜能，从而失去育苗的意义。

蔬菜播期的确定是根据不同栽培茬次的适宜定植期及苗龄的长短向前进行推算得出来的，即播种期是定植期减去苗龄。由于受外界气候条件等因素的影响，不同栽培茬次的定植期是基本确定的，所以播种期主要受苗龄长短的影响。而苗龄的长短主要由育苗设施、育苗季节、育苗技术和品种特性等决定。一般情况下春季蔬菜的苗龄，茄果类在 80～120 d，瓜类在 30～50 d。春秋季节进行蔬菜育苗，由于外界温度高、光照强，幼苗生长速度快，苗龄较短，一般在 15（瓜类）～30 d（茄果类）。再者，用穴盘进行育苗时，由于营养面积相对较少，苗龄过大，移栽时会引起伤根过重、缓苗慢，影响早期产量，应缩短苗龄。

2. 播种方法

（1）撒播法。蔬菜种子较小，一般在生产中常采用撒播法进行播种。播种前，先在浇过水的苗床上撒一层干的拌过药的营养土，然后把经过催芽的种子撒播在苗床上，为使种子撒播均匀，最好是把种子与适量经过杀菌消毒的细沙混合进行撒播。播种后，及时均匀地覆盖 0.5～1 cm 厚的营养土，并覆盖上地膜。撒播法简单方便，但需要的种子量较大，同时要及时进行分苗，以促进幼苗健康生长。

（2）点播法。采用育苗钵、营养土方或穴盘进行点播播种。播种前，先在苗床表面撒一层拌过药的营养土，然后把催过芽的蔬菜种子按每钵（穴）1～2 粒摆入钵（穴）中，种子间要分开。播种后要及时均匀地覆盖 0.5～1 cm 厚的营养土，并盖上地膜。此法较费人工，但需种量小，移栽时护根效果好，同时方便机械化操作。

3. 苗期管理

温室内搭建塑料小拱棚，必要时可增加中拱棚保温。出苗前密闭保温，齐苗后通风降温。苗床"宁干勿湿"，一般不需要浇水施肥，确实干旱脱肥，可叶面喷洒 0.2% 磷酸二氢钾或 0.2% 尿素溶液缓解。冬季育苗，尽量多见光。一般幼苗 2 叶 1 心时，即可移栽。

第三节　嫁接育苗技术

一、嫁接育苗技术

1. 嫁接育苗的概念

嫁接栽培就是采用手术的方法，切去一株植株的根，留下顶端（头部），或单独切掉植株的一个幼芽，人们习惯称顶端（头部）或幼芽被利用的这株植株为接穗，将另一株植株，切去其顶端（头部），留下根系及茎（下胚轴）的一部分，根系及茎（下胚轴）的一部分被利用的这株植株为砧木。使砧木和接穗强制结合在一起，形成一株完整的植株进行栽培。这样既利用了砧木抗病性强、根系庞大吸收范围广、吸收水肥能力强、耐瘠薄、耐盐碱、耐低温或高温、耐高湿或干旱的优点，又利用了接穗产量高、品质好、商品性好的优点，达到高产、高效、优质的目的。

2. 砧木与接穗品种的特性与选择原则

瓜果菜嫁接能不能成功，首先取决于嫁接后能不能成活，也就是二者嫁接后能不能亲和，又称嫁接亲和力，还要考虑成活后能不能健壮地生长，即二者共生期间发不发生矛盾，又称共生亲和力，它包括茎叶能否健壮生长，能否正常开花结果，是否提早或延迟生育期，是否影响果实品质等。因此，在选择嫁接亲本时，不但要了解它们的特性，栽培季节的冷暖，还要考虑品种资源是否易得、价格高低等。因此，在嫁接时选择砧木与接穗要特别注意它们的特性，做到有的放矢，以确保嫁接成活。

（一）砧木品种的特性

1. 砧木与接穗的亲和力

亲和力包括嫁接亲和力和共生亲和力。嫁接亲和力的高低取决于嫁接后成活的多少和伤口愈合速度的快慢。伤口愈合越快，成活越多，说明亲和力越高。共生亲和力是指嫁接成活后的生长发育状况，嫁接后植株繁茂，生长健壮，发育正常，早熟高产，说明共生亲和力好；嫁接成活后砧木和接穗共生期间，生长速度减缓，或长势不正常，生长后期出现萎蔫，结果后果实品质降低等，共生期间发生不良反应，又称共生亲和力不良。只有嫁接愈合期间和共生期间长势都正常，嫁接愈合快，生长期间不发生不良反应的砧木才能算是好砧木。科学研究证明，不同砧木和接穗品种之间的亲和力高低与抗逆性强弱相关。

2. 对不良环境条件的适宜性

瓜果菜的种植季节不同，所选砧木品种要求不同的外部环境适应性，如低温、高温、耐旱、耐盐、耐湿、耐瘠薄，早期生育速度快慢，生长势强弱等。例如赤茄（砧木），除具有抗病性外，耐低温的能力也较强，在早春温度较低的情况下，生长发育速度快，因此，只需比接穗提早5～7 d播种即可。而不死鸟、CRP等茄子砧木虽抗病性较赤茄强，但其早期生育速度较慢，只有长到3～4片叶之后，生育速度才接近正常，因此，该砧木需要比接穗提早20～30 d播种，方能适合嫁接。另外，通过了解砧木的生育特性，可以更好地与接穗品种配套，与栽培季节和栽培方式配套。例如，黑籽南瓜根系在低温条件下伸长性好，具有较强的耐寒性；而白菊座南瓜耐高温、高湿，适合高温多雨季节作砧木。据报道，日本保护地黄瓜越冬栽培，采用黑籽南瓜作砧木的占 70%；早春保护地栽培黑籽南瓜占 60%；夏秋栽培的基本上都用白菊座南瓜砧木。据统计，我国保护地越冬栽培的黄瓜 95% 以上，近两年有 5% 左右的土地面积用土佐系南瓜作砧木，且有逐年上升趋势。一个品种的适宜性，只能因时因地而言，黑籽南瓜作为砧木在冬季，有耐低温的特性，可发挥它的优势，比不耐低温的品种生长得好。现在我国有不少地方把黑籽南瓜作为夏秋高温多雨季节的砧木，生长势比其他南瓜品种差，其耐低温这一优势就变成劣势。同样，白菊座南瓜在夏秋季节发挥了耐高温的优势，而将其在冬季栽培，那么耐高温优势也变成了劣势。所以，了解和掌握各种砧木的生育特性，便于与适合的栽培季节和栽培模式配套，更能发挥其特长。在接穗选择方面，若在日光温室和早春大棚中种植西瓜，首先要考虑其植株在低温环境中的适应能力（又叫低温生长性），雌花出现早晚、节位高低和在低温条件下坐果的能力（又称低温坐果性），果实膨大速度快慢，以及根群的扩展和吸肥能力，对土壤养分浓度、土壤三相比例等不良环境的适应能力等，这些都取决于砧木本身的特性。所以，在日光温室冬春茬栽培，多层覆盖大棚春提前嫁接栽培时，应选择耐低温、耐高湿、耐土壤盐分浓度高、耐土壤通透性稍差的环境条件的砧木材料。在夏季和延秋栽培时要选择耐高温、干旱和暴雨环境条件的砧木材料。

3. 砧木的抗病性能

瓜果菜常见的土传病害较多。在瓜类蔬菜中主要是枯萎病，包括黄瓜枯萎病、甜瓜枯萎病、西瓜枯萎病，分别为不同的专化型，还有瓜类蔓枯病、根线虫病等。茄果类蔬菜常见的土传病害有番茄青枯病、番茄枯萎病、番茄黄萎病、番茄褐色根腐病、番茄根腐病、番茄根结线虫病、茄子黄萎病、茄子枯萎病、茄子青枯病、茄子根线虫病、辣椒疫病、辣椒根腐病等。

不同砧木所抗的土传病害种类是不同的。如番茄砧木品种中，"LS-89"和"兴津 101 号"主要抗青枯病和枯萎病，而"耐病新交 1 号"和"斯库拉姆"主要抗枯萎病、根腐病、黄萎病、褐色根腐病、根结线虫病。如茄子砧木中，赤茄仅抗枯萎病、黄萎病，而"托鲁巴姆"则同时抗 4 种土传病害（黄萎病、枯萎病、青枯病、根结线虫病）。

不同砧木之间对同一种病害的抗病程度也不同。如瓜类砧木（南瓜、冬瓜、瓠瓜、丝瓜）中，以南瓜抗枯萎病的能力最强，在南瓜中又以黑籽南瓜表现最为突出。又如赤茄和"托鲁巴姆"都能抗黄萎病，但"托鲁巴姆"抗黄萎病的能力达到免疫程度，而赤茄仅是中等抗病程度。所以，栽培者在选择砧木时，首先要考虑解决什么病害，其次要根据地块的发病程度来选择适宜的砧木。如果是重茬的重病地，应该选高抗的砧木；若是发病较轻的非重茬地，可以选择一般的砧木以发挥其他方面的优势，如耐低温、耐高温、耐瘠薄、耐旱等。以西瓜为例，抗枯萎病是西瓜嫁接的主要目的，若是连作种瓜，选择砧木时必须要求百分之百抗枯萎病。以前的研究认为，西瓜枯萎病只侵染西瓜，不侵染葫芦、冬瓜。近几年的研究及生产实践证明，西瓜枯萎病菌已分化出能侵染葫芦和冬瓜的菌株（生理小种），表现出葫芦和冬瓜不能抗枯萎病；瓠瓜砧易感染炭疽病；南瓜砧抗枯萎病。

4. 对产量和商品质量的影响

不同的砧木种类对产量和品质有着不同的影响。增加产量是嫁接栽培的最终目的，因此要求每种砧木必须具备增产的能力，而这种增产能力又主要是通过砧木的抗病性和抗逆性实现的。也就是说，采用高抗的砧木与栽培品种嫁接，通过砧木来阻止病原菌的侵入，诱导植株产生抗性，增强生长势，以减少或控制发病株的出现，最后达到群体产量和单株产量的共同提高。但是并不等于具备了优良砧木就能高产，好的砧木只能是获得高产的一个基础，还必须掌握准确的嫁接技术和配套栽培管理技术（如施肥、灌水、耕作、植株调整等），才能发挥砧木的增产优势。所以，产量指标是各项农业技术措施的综合体现。当然，作为农业科技工作者在研究与开发砧木品种时，也必须推出与之相适宜的配套栽培技术。品质也是选择砧木的一个重要标准。不同的西瓜、甜瓜品种对同一种砧木的嫁接反应也不完全一样。西瓜、甜瓜嫁接栽培应尽量选择对商品品质（如果形、果皮厚度、果肉的质地、可溶性固形物含量）基本无影响或者影响很小的品种或种群。即选择较适宜的砧穗组合，以保障嫁接后西瓜、甜瓜产量不能降低，品质不能下降，要根据嫁接的主要目的来确定适宜的砧木种类。因此，南瓜砧虽有时可影响果实品质，表现为果皮增厚，果肉较硬，果肉中产生黄带，食用口感及风味不好，但维生素 C 含量显著高于自根西瓜，总糖、干物质含量等均无差异。但对枯萎病发生严重的地块或重茬瓜田，极早熟、早熟栽培的瓜田，必须采用黑籽南瓜、JA-6、新土佐等南瓜类砧木。从综合性状考虑，应选用葫芦砧，但用葫芦进行早熟西瓜嫁接时还存在其他需要解决的问题。大量的试验资料表明，南瓜砧木不是所有西瓜品种的适宜砧木，因此在大面积推广前应做预备试验，没有做过试验的砧木，不能直接用于生产，以免带来损失。

（二）接穗品种的选择原则

1. 根据产品销售地点的销售习惯选择接穗品种

瓜果菜的品种选择应首先考虑消费地的消费习惯。如西瓜个头的大小、瓜瓤质地的软硬、可溶性固形物含量；瓤的颜色红、黄、白；果皮的厚薄，瓜皮颜色如黑、黄、花、绿；瓜皮花的小花条、宽花条；果实形状的长、圆等。再如茄果类蔬菜中茄子果皮颜色，形状大小，粗细，果实内种子含量多少等；辣椒品种的辣味浓度，颜色青、紫、黄、红、白，形状长、方、粗、细等都是品种选择时要考虑的内容。

2. 根据产品销售地点的距离选择接穗品种

如瓜类产品就地销售，要选择可食部分多的薄果皮品种，若以外运为主就要选择耐储运的果皮韧性较强或果皮太厚的品种；还要考虑土壤酸、碱、黏、沙等。

3. 嫁接前砧木和接穗苗的培育

在嫁接之前，把砧木苗和接穗苗培育成适宜嫁接的大小，且能够相互协调适应所选定的嫁接方法是嫁接成败的关键。

（1）嫁接适期。蔬菜嫁接的适宜时间主要取决于茎的粗度，当砧木茎粗达0.4～0.5 cm时为适宜嫁接期。若过早嫁接，节间短、茎秆细、不便操作，影响嫁接效果；过晚，植株的木质化程度高，影响嫁接成活率。

（2）砧木和接穗苗的协调。由于选择嫁接的方法不同，嫁接所适宜的砧木苗龄和接穗苗龄也会有不同的要求。为了使砧木苗和接穗苗的最适嫁接期协调一致，应从播种期上进行调整，不同的嫁接方法对于播种期的调整方法不同。此外，嫁接时所选用的砧木品种，由于各自品种特性的不同，长成适宜嫁接时的时间也会不同，播种时也要考虑在内。

蔬菜常用的嫁接方法有劈接法、斜切接法、靠接法。其中劈接法和斜切接法，这两种方法对砧木和接穗的大小与粗细的要求基本一致。而靠接法，与劈接法和斜切接法相比，只是适宜嫁接时的苗子稍大。这三者在选用相同的砧木品种时，砧木与接穗的早播天数基本相同。

在确定嫁接方法后，播种期的确定就主要取决于砧木品种的选择。不同的砧木品种，其苗期生长的快慢差别很大。如不死鸟其生长速度基本接近正常蔬菜，所以提早播种的时间较短，一般要求不死鸟出苗后，即可播种蔬菜。而托鲁巴姆、刺茄、角茄等幼苗生长速度很慢，要比接穗提早很长一段时间播种，如刺茄和角茄是20～25 d，托鲁巴姆是25～30 d。

（3）播前种子处理。在确定砧木和接穗的播种期后，要对所选用的砧木和接穗种子进行播前处理。由于蔬菜砧木野生性较强，采种时间早晚、果实成熟及后熟时间的不同，种子的休眠性差别较大。对休眠性强的砧木种子在催芽前可用赤霉素处理，以打破休眠。一般用100～200 mg/L赤霉素溶液浸泡24 h，注意赤霉素处理时应放在20～30℃下，温度低则效果较差。赤霉素的浓度不要过高，否则出芽后易徒长。处理后种子一定要用清水洗净，在变温条件下进行催芽。在正常的催芽条件下，一般需12～14 d才能发芽，较正常的蔬菜出芽时间长。

4. 播种后至嫁接前管理

砧木种子较小，初期生长缓慢，在温度管理上，应较接穗（蔬菜）高2～3℃，以促进砧木苗子加速生长。

5. 砧穗苗床管理

嫁接前1d晚上，将苗床浇透水，用50%甲基硫菌灵可湿性粉剂500倍液，最好用高研嫁接防腐灵2号500倍液，对砧木、接穗及周围环境喷雾消毒。

6. 常用蔬菜嫁接方法

（1）劈接法（切接法）。砧木顶端劈口，接穗楔形插入，嫁接夹固定。此法易掌握，防病效果好，但操作较复杂、工效较低，管理要求较严，适用于各类瓜果蔬菜。砧木、接穗要求大小相当，但不太严格，茄果类砧木5～6片真叶、接穗4～5片真叶，以瓜类子叶展开、真叶刚露时为嫁接适期。嫁接时，砧木留2片真叶后，切掉上面部分，其后从茎中部垂直向下切1 cm深切口，接穗留2叶1心，削成30°、斜面长1 cm的楔形（双斜面）；黄瓜砧木用刀片或竹签剔除生长点，在2片子叶中间向下切1 cm深切口，接穗在子叶下1.5 cm处切断，削成30°、斜面长1 cm的楔形。将接穗插入砧木切口中，对齐砧木、接穗形成层，紧密吻合后用嫁接夹固定。

（2）斜劈接法。砧木、接穗单斜面贴合，嫁接夹固定。其操作简单、速度快、成活率高，适用于茄果类、瓜类蔬菜。砧木、接穗大小要求同劈接法。茄果类砧木、接穗保留 2~3 片真叶后，斜切切断茎秆，两者切口斜面角度 30°~45°、长 0.7~1.0 cm；瓜类砧木留一侧子叶斜切去掉生长点及另一侧子叶，接穗在子叶下 1 cm 处斜切，切口角度、大小同茄果类。对齐砧木、接穗形成层，紧密贴合后用嫁接夹固定。

（3）套管接法。砧木、接穗单斜面贴合，套管固定。其操作简单、速度快、工效高、感病率低、不易失水、成活快、成活率高，适用于茄果类嫁接。砧木、接穗要求茎粗基本一致（播期和苗期管理要求较高），砧木、接穗 2.5~3.0 片真叶、株高 5 cm、茎粗 2 mm 左右时为嫁接适期。嫁接时，根据嫁接苗粗细选取内径合适、一边开口的塑料套管，剪成 0.8~1.2 cm 备用。在砧木、接穗子叶上方 0.6~1.0 cm 处，呈 30°~45° 各斜切一刀，将套管的一半套在砧木上，再将接穗插入套管中，对齐砧木、接穗形成层，使切口紧密结合。随着幼苗生长，套管自动掉落。

（4）靠接法（舌接法）。单斜面贴合，茎不切断，嫁接成活前不断根，嫁接夹固定。该法成活率高、嫁接和管理技术要求不严，但较费工、防病效果较差，适用于瓜类、茄果类蔬菜嫁接。砧木、接穗苗要求大小接近，胚轴长，便于嫁接。茄果类蔬菜砧木 6 片真叶、接穗 5~6 片真叶，瓜类蔬菜砧木、接穗以子叶平展、真叶露心为嫁接适期。如黄瓜嫁接，黄瓜苗出土后（早 3~4 d）播南瓜（砧木），当南瓜子叶全展、真叶初展，黄瓜子叶全展、真叶半展时嫁接。嫁接时，去掉砧木生长点，在其子叶伸展方向的侧面下 0.5~1.0 cm 处，用刀片向下斜切 35°~40°、长 1 cm 的切口，横向深度不超过茎粗 2/3；在接穗子叶侧面下 1.5~2.0 cm 处（与砧木切口位置对应）向上斜切一刀，角度 25°~30°、长 1 cm 的切口。将接穗和砧木切口相互嵌合后用嫁接夹固定，此时接穗与砧木子叶伸展方向平行一致。成活后，去掉接穗苗根部，抹掉砧木腋芽。

（5）顶插接法。砧木顶端插孔，接穗楔形插入，不用固定物。该法操作简单、投入少、工效高，由于没有固定物，伤口愈合较慢，成活率受嫁接质量和温湿度影响较大，砧木要求较接穗稍粗且不能空心，通常用于瓜类嫁接。如黄瓜嫁接，砧木比接穗早播 2~3 d，子叶全展、第一片真叶已现至半展开，接穗子叶始展至全展，为嫁接适期。嫁接时，先用竹签（长 10 cm，尖端楔形，粗细与接穗相当）去掉砧木生长点，再从砧木一侧子叶基部向另一侧子叶下方胚轴内斜刺插孔（接穗斜穿胚轴髓腔，避免直穿髓腔长出自生根），竹签至砧木表皮为止（不能刺透表皮），插孔深 0.7 cm 左右，插接穗前勿拔竹签；接穗在子叶下 0.5～1.0 cm 处，向下削呈角度 30°、长 0.7 cm 的楔形，楔面方向与子叶方向垂直，插入后接穗子叶与砧木子叶呈"十"字形；拔出竹签，速将接穗插入砧木插孔底部。

7. 嫁接后的管理技术

嫁接后砧木与接穗的愈合过程，根据接合部位的组织变化特征，可分为接合阶段、愈合阶段、融合阶段、成活阶段。

（1）接合阶段。由砧木、接穗切削后切面组织机械接合，切面的内侧细胞开始分裂，形成接触层，接合部位的组织结构未发生任何变化，没有愈伤组织发生，至愈伤组织形成前为接合阶段，如果管理得当只需 24 h 就可进入第二阶段。进入此阶段较明显的外界特征是：砧穗已接合在一起，轻轻摇晃或抽拉嫁接苗二者不再分离，强制分离时，可听到轻微的撕裂声响。

（2）愈合阶段。砧木与接穗切削面内侧开始分化愈伤组织，致使彼此互相靠近，至接触层开始消失之前，穗砧间细胞开始水分和养分渗透交流。此阶段需 2～3 d。愈合阶段愈伤组织发生的特点是，最初发生在穗砧紧贴的接触层内侧，表明穗砧彼此间都具有积极的渗透作用，而在砧木一侧愈伤组织发生较早，数量较多，表明嫁接苗在成活过程中砧木起着主导作用。愈伤组织的形成不仅限于维管束形成，穗砧各部位的薄壁细胞都具有发生愈伤组织的能力，在愈伤组织中多处发生无丝分裂现象。这与木本植物嫁接接合愈伤组织发生不同，也是蔬菜作物嫁接容易成活的原因之一。特别是瓜类，它们具双韧维管束，以木质部为中心，外侧内侧均有韧皮部，以同心的方式，分布于茎的四周，嫁接操作时，只要砧木与接穗的切面平滑，二者能够紧密相接，它们的形成层接触的机会就多，这也是嫁接后愈合较快的原因之一。当薄壁组织细胞受机械损伤以后，创伤面的内侧薄壁细胞恢复分生能力，以无丝分裂的方式弥补损伤。

（3）融合阶段。接合部穗砧间愈伤组织旺盛分裂增殖，使接穗和砧木间愈伤组织紧密连接，二者难以区分致使接触层消失，直至新生维管束开始分化之前。此期一般需 3～10 d，但接合部与穗砧彼此间大小有关，穗砧大所需时间较长，反之则所需时间较短。

（4）成活阶段。穗砧愈伤组织中发生新生维管束，至彼此连接贯通，实现真正的共生生活，嫁接后一般经 8～11 d 进入成活期，此期组织切片特征是砧穗维管束的分化，在连接过程中接穗起先导作用，接穗维管束的分化较砧木早，新生输导组织较砧木多，新生维管束在穗砧接合紧密部位，而在砧木空隙较大部位均不发生，表明砧穗接合紧密是提高嫁接成活的关键。

日本学者研究甜瓜与葫芦嫁接成活过程证明，甜瓜与葫芦愈伤组织形成较慢，数量少，穗砧间空隙较大（形成表皮毛），输导组织不发达，成活过程较慢，1～4 d 为接合期，5～9 d 为愈合期，10～13 d 为融合期，14 d 进入成活期，较长的接合期和愈合期造成嫁接成活率低，表现亲和力低，愈合面小，输导组织不发达，影响嫁接苗的生长和共生亲和力。

8. 成苗后的管理

（1）除砧木侧芽。由于嫁接时切除了砧木的生长点，促进砧木侧芽萌发，特别是经过一段高温、高湿、遮光的管理，侧芽生长很快，如果不及时去掉，很快就能长成新枝同接穗争夺养分，不但直接影响接穗的成活和生育，而且在瓜类嫁接时若除萌不及时，萌芽过长，它的同化产物还可输送到植株上去，直接影响接穗的产品品质。所以在接口愈合后，应及时干净彻底摘除砧木侧芽。

（2）断根。采用靠接法嫁接者，嫁接后还要试着为接穗断根。其方法是：在嫁接 7 d 后，先用手重捏嫁接口下方 1 cm 处的接穗的下胚轴，看其是否萎蔫，若叶片萎蔫可等 1～2 d 再捏，若不萎蔫可用刀片从嫁接口下 1 cm 处割断接穗下胚轴，使其成为名副其实的嫁接苗。

（3）分级管理。嫁接苗因受亲和力、嫁接技术、嫁接时砧木（接穗）苗粗细、大小不一，以及接穗去留叶片不一等多方面因素的影响，其质量将会有一定差别，一般嫁接苗有 4 种情况，即完全成活、不完全成活、假成活、未成活，应进行分级管理。首先是将接口愈合牢固、恢复生长较快的大苗放到一起，将未成活的苗挑出来，对一些生长缓慢小苗和愈合不良未完全成活、假成活的嫁接株，一时不易区别，可以放在温度和光照条件好的位置，创造较好的环境，进行特殊管理，这样生长慢的会逐渐追赶上大苗。假成活的苗可以淘汰。

（4）除去接口固定物。采用靠接、劈接及部分插接等嫁接方法嫁接者接口需要固定，如用塑料嫁接夹固定的应当解去夹子。解夹不能太早，在定植前除夹易使嫁接苗在搬动过程中从接口处折断，所以要等到定植插架后去夹最为安全。但是也不宜过晚，定植后长期不取夹，根茎部膨大后夹子不易取下，同时接口处夹得太紧，影响根茎部发育。

（5）成苗期管理。温度与光照调节主要靠保温及增加光照。白天 20～25℃，夜间 13～15℃，只有当最低温度降到 10℃ 以下时，夜间再扣小拱棚。阴天温度控制要比晴天低一些。成苗阶段水分要充足，保持土壤湿润，不能缺水。当嫁接苗较拥挤时，要及时将营养钵分开一定距离，以免相互遮光，影响生长。

在定植前 7～10 d 开始对嫁接苗进行高温锻炼，控制浇水，减小放风量。棚室气温达到白天 38℃ 左右时嫁接苗不出现萎蔫现象即可定植，在定植前要喷洒 1 次杀虫杀菌剂混合的农药，以防止病菌及害虫带入田间。

定植前嫁接苗的壮苗形态是：接穗 6～7 片真叶（嫁接时去掉 2～3 片），叶大而厚，叶色较浓，茎粗壮，现大蕾，根系发达。

二、先进的嫁接机械介绍

1. 中国产 2JC 插接式嫁接机

该机是我国辜松研发的半自动嫁接机，以瓜类蔬菜（黄瓜、西瓜和甜瓜）为嫁接对象。2JC-350 型插接式嫁接机具有嫁接作业简便、成活率高、不需要夹持物的优点，由人工劈削砧木、接穗苗和卸取嫁接苗。主要工作部件包括：砧木夹和压苗片等组成的砧木夹持机构；砧木切刀等组成的砧木切削机构；插签组成的砧木打孔机构；接穗夹等组成的接穗夹持机构；接穗切刀等组成的接穗切削机构，主滑动块、下压总成、插签滑块和接穗夹滑块组成的滑动机构；分别固定安装在接穗夹滑块和插签块组成的滑动机构；分别固定安装在接穗夹滑块、插签滑块和插签滑块上的对位销和对位座组成的对位机构；电机、凸轮组和传动杆组成的动力传动机构。其工作原理是：通过凸轮组控制工作时序，实现一系列的嫁接作业流程。首先砧木夹将砧木夹紧，压苗片联动下压，将砧木子叶压平，砧木切除砧木生长点，主滑动块左行到达工作位置，压杆下压，带动插签滑动下行，打孔后上行；接穗夹和接穗切刀同时完成夹持和切削接穗，主滑动块右行到达右工作位置，压杆下压带动接穗夹滑块下行插接，打开接穗夹后上行退苗，完成一个工作循环。

JFT-A1500T 坤系嫁接机器人是集光、机、电、气于一体的高科技自动嫁接机。最高生产率为 1 500 株 / 时，嫁接精度为 ±0.2 mm，嫁接成功率超 99%，远高于人工嫁接效率 90%。该设备一键式操作，使用维护方便，人机交互，单 / 双人操作，可实现自动切割，自动贴接，自动上架。此外，这款机器人广泛适用于国内各大苗场的嫁接需求，特别是在茄科和瓜科种苗的贴接嫁接方面表现出色。

目前，它已在新疆地区的瓜类（如西瓜、甜瓜和黄瓜）和茄类（如番茄、茄子和辣椒）的嫁接中得到了广泛应用。

2. 韩国靠接嫁接机

该机为半自动式嫁接机，最高生产率为 310 株 / 时，嫁接成功率为 90%，由于结构简单、操作容易、成本低廉，不仅在韩国，而且在我国和日本都有一定的销量，适于西瓜、黄瓜等瓜类蔬菜苗的半机械化作业。该机主要由电机、控制机构、调节机构、工作部件等组成。控制机构是嫁接机的核心，它包括单机片、控制线路、计数器等，工作时由单片机发出控制指令控制电机转速和转向来实现。调节机构可进行嫁接速度和嫁接方式的调节，由装在前面板上的旋钮和开关组成。工作部件是嫁接机的作业执行机构，它包括木夹、接穗夹、选退刀杆和刀片等。该装置由单片机实现控制，采用凸轮传动动力，分别完成砧木加持、接穗夹持、砧木接穗切削和对插 4 个动作。首先，砧木夹张开，上砧木，砧木夹在复位弹簧的作用下闭合，夹紧砧木，紧接着接穗夹张开，上接穗，接穗夹在复位弹簧的作用下闭合，紧夹着接穗。然后接穗夹带动接穗上提，同时切刀伸出，在接穗与砧木的茎秆上分别切一斜口，但并不将茎秆切断。然后接穗夹在回位弹簧的作用下向下复位，将接穗的斜切口插入砧木的斜切口内，用嫁接夹夹住切口，最后接穗夹和砧木夹同时张开，取出嫁接苗，完成一次嫁接作业循环。

3. 日本自动套管式嫁接机

该机采用"V"形平接法，只能一人操作，操作人员分别将去土砧木和接穗以单株形式，送到嫁接机的托苗架上，嫁接机自动完成砧木和接穗的切削、对接的上固定套管作业。该机生产率可达 600 株 / 时，嫁接成功率为 98%（图 2-1）。

图 2-1　工厂化育苗流程图

嫁接机有 4 个工作位置，分别为：上砧木的接穗位置；砧木和接穗切削位置；砧木和接穗对接结合，上塑料固定套管位置；卸苗位置。

其工作程序为：①上砧木和接穗。分别用手将砧木和接穗送入砧木和接穗的托苗架上，砧木在下，接穗在上，嫁接机启动后，砧木夹和接穗夹分别夹持砧木和接穗，由位置 A 旋转到位置 B。②砧木和接穗切削。当砧木和接穗达到位置 B 后，砧木和接穗的"V"形切刀分别将砧木的生长点和接穗的下部切除，在砧木上切出"V"形槽，同时接穗也切出可相互对接的"V"形。③砧木接穗对接和上套管。完成切削的砧木和接穗经过上下对位结合，在位置 C 处套上透明的固定套管。固定套管的横切面为一未封闭的环形，依靠透明塑料套管材料的弹性，将砧木和接穗紧紧地固定在一起。④卸嫁接苗。松开砧木夹和接穗夹，将完成嫁接作业的嫁接苗卸下，完成一个嫁接作业循环（图 2-2）。

A. 夹持砧木和接穗

B. 切削砧木和接穗　　　　　　C. 砧木、接穗插入套管，完成嫁接

图 2-2　日本自动套管式嫁接机工作程序

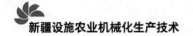

第四节　工厂化穴盘育苗技术

工厂化育苗是采用先进的育苗手段和设备，采用现代技术，进行苗木生产的过程，以现代化、企业化的管理模式组织种苗的生产与运营，实现规模化苗木生产。简而言之，利用先进的智能手段和设备，人工调节各类种子的发芽率，进行绿化育苗，为幼苗生长创造有利条件，避免外界不利的自然条件干扰，通过集约化的统一管理，大规模生产优良苗木，规范苗木质量，以实现苗木质量的标准化。工厂化育苗生产流程一般分为准备、播种、催芽、成苗培育、出苗等阶段（图2-3）。

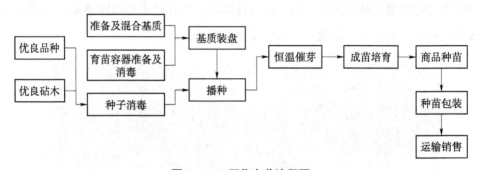

图 2-3　工厂化育苗流程图

一、工厂化育苗关键设备及技术

工厂化育苗是采用塑料穴盘为容器精量播种一次成苗的育苗方法，苗盘按幼苗大小分成不同规格的格室，一室一株，成苗时根系与基质相互缠绕在一起，根系呈上大下小的三角形。育苗从基质混拌、装盘、压穴到播种、覆盖、喷水等整套作业在一条作业线上完成，可以实现自动控制。日常运行时生产线上配4名作业管理人员，一穴一粒准确率可保持在98%左右，成苗率80%～95%。除苗盘码放和补苗需手工作业外，日常管理喷水、喷肥、打药均实现机械化或自动化。因作物种类和育苗季节不同，每茬作物苗龄30～60 d不等，平均育苗茬次5～6茬，年人均育苗量可达600万～800万株。工厂化育苗具有规模化生产等优势，特别适于面积较大的承包户和农场生产，不仅节工省本，而且节约了钵床用地，缓解了劳力紧张的矛盾，节省了对工人的管理费用，可以较好地解决一家一户育苗费时、费工、移栽时劳动强度大等问题，具有良好的发展前景。工厂化育苗一次成苗，除育苗机外，还需要从基质混拌、装盘、压穴到播种、覆盖、喷水等整套作业机械设备。

1. 育苗基质

基质是幼苗根系赖以生长的物质基础，基质的好坏直接影响种苗的质量。对育苗基质的基本要求是无菌、无虫卵、无杂质，有良好的保水性和透气性。总孔隙度在60%～80%，其中大孔隙度以25%～30%为宜，pH值5.5～6.8。育苗时原则上应用新基质，播种前对基质消毒。穴盘育苗基质主要采用草炭、蛭石、珍珠岩、椰子壳等材料。基质中各成分的配比为草炭：蛭石为2：1或3：1。草炭是在长期缺空气、水淹的条件下埋藏了几千年，分解不完全而形成的特别有机物，主要分布在高寒冻土区，有机质成分高达70%，腐植酸25%～50%，pH值4.8～6.2，氮、磷、钾总量在4%左右。草炭土通气性能好、质轻、持水、有机质含量高，是理想的育苗基质，进口草炭与国产的东北草炭相比较，进口草炭一般都经过较好的消毒，不易发生苗期病害，进口草炭的pH值与电导率均已经过调节，可直接应用于生产，使用非常方便。更重要的是进口的育苗专用草炭，经过特殊的处理，添加了吸水剂，也加入了缓释的启动肥料，因此育苗效果极好，出苗率和种苗叶片大小、颜色均比国产草炭有着明显的优势。草炭是一种不可再生资源，在自然条件下草炭形成需上千年时间，过度开采利用，使草炭的消耗速度加快，破坏湿地环境，加剧全球的温室效应。为了降低生产成本，各地纷纷探索采用当地物美价廉的材料，如椰子壳、锯末、木糖渣、芦苇末、蔗渣、蚯蚓粪等工农业废弃物为代基部分或全部代替草炭作为育苗基质。

2. 基质搅拌消毒设备

基质搅拌是避免原基质中各成分不均匀，或防止基质在贮运过程中结块影响装盘质量。蛭石、珍珠岩等一般不寄生病菌，如配制其他一些组分，或再利用基质，有可能寄生有为害植物的线虫、真菌、细菌及杂草种子等，必须进行消毒。消毒方法有高温消毒和化学消毒。研究证明，82℃维持30 min可杀死线虫、致病真菌、细菌、昆虫及大多数的杂草种子；60℃维持30 min就可杀死许多病原菌。也可以用化学药剂浸泡、熏蒸等。要注意的是，经过化学药剂处理，必须让其残药挥发完全，方可使用。

3. 育苗穴盘

工厂化育苗必备的育苗容器，是按一定规格制成的带有很多小型钵状穴的塑料盘。穴盘的制作材料主要有聚氯乙烯和聚酯类塑料、纸、泥炭等，按其化学性质可分为能自行降解腐烂和不能自行分解两类，我国多采用 PS 吸塑盘。穴盘宽度多为 24～30 cm，长度为 54～60 cm。每张盘上有 32、40、50、72、128、200、288 等数量不等的穴孔，穴孔深度为 3～10 cm。穴格体积大的装基质多，水分、养分蓄积量大，水分调节能力强，通透性好，有利于幼苗根系发育，但育苗数量少，成本增加，根据育苗种类及所需苗的大小，可选择不同规格的育苗盘。育苗盘一般可以连续使用 2～3 年。

4. 自动精量播种系统

穴盘育苗播种时要求深浅均匀一致，严格掌握播种深度，宜适当浅播，保证出苗的整齐度。自动精量播种系统由育苗穴盘摆放机、送料及基质装盘机、压穴及精播机、覆土和喷淋机五大部分组成。其中精量播种机根据播种器的作业原理不同，可分为机械转动式、真空气吸式两种类型。机械式精量播种机对种子形状要求极为严格，种子需要进行丸粒化处理方能使用，而气吸式精量播种机对种子形状要求不是严格，种子可不进行丸粒化加工。由于设计制造或清种效果不好等多方面原因，致使这些机械装置性能达不到足够精度，真正大量应用在农业生产中的并不多，还没有形成市场规模。引进国外的设备，价格昂贵，绝大多数地区无法承受。

二、工厂化育苗技术特点

工厂化育苗的设施设备依托智能化、现代化的发展，与传统行业相比，具有良好的硬件措施，保证了稳定种苗的质量和生产，提高了生产效率，经济收入十分可观。

点播技术的使用，在一定程度上保障了与种植在穴孔中的种子生活环境的基本一致，再加上入温室后的统一化管理，也就尽可能保证穴盘苗的出苗期表现与生长趋势保持平稳一致，以便可以产出更优质的商业苗。

在工厂化育苗生产过程中，塑料穴盘穴孔内的基质网在移栽幼苗时可以减少对幼苗根系的伤害，适宜机械化定植带来的高损伤，同样也适合长距离运输。为了保证植物生长的连续性，减少缓苗的时间，在移栽幼苗时要携带一部分的基质土，这样成苗率会提高，也比较节约能源和资源。

与传统的育苗方式相比，工厂化育苗技术好处十分明显。例如，可以减少种子的浪费，节约种子的用量；统一化的智能管理缩短育苗时间，非常节省占地面积；也可能减少病虫害发生，大幅度提高成苗率，并且苗木长势良好。工厂化育苗的快速发展，将传统落后的农业向智能化、机械化、自动化方向发展，改变了农业生产的方式，促进农业的现代化进程，加速现代化农业的更新换代。

工厂化育苗有统一规范的标准，进行统一的安排和管理，可以保证育苗计划正常有序地进行，以及对下一茬作物的合理安排。规范化的管理有利于培养的新品种的及时推广。工厂化育苗所生产的种苗无病虫害、适合远距离运输，不需要缓苗，成活率很高，是现代培育良种良苗的一个很重要的途径。

三、工厂化育苗未来发展方向

1. 工厂化育苗的标准需要进一步加强

工厂化的育苗产品对各方面要求都较高，因此，要求从严把控各个工艺流程才能保证产品种苗的品质。将相应的生产工艺和作业过程规范化和标准化，也成为问题的重点。实现相关技术与操作的规范化，也是有效减少种苗投入和确保常年稳定质量的保障手段。虽然近年来工厂化育苗已经获得了许多重要的进展，但从综合来看，当前工厂化育苗的标准化水平仍有待进一步提高。育苗过程包括了种子选择和管理、基质配制、高精量制种、育苗条件控制、水肥调节、病虫害防控及幼苗的贮存和运送等多个阶段，其中任何阶段的控制存在缺陷，都可能会造成该批次育苗的失败。因此，必须针对当地的自然环境以及作物本身的生长特性制定工厂化育苗的作业标准，以进一步提高幼苗制造的规范化程度。

2. 工厂化育苗设备、设施和技术等协同发展

我国的工厂化育苗已由散乱、滞后的面貌逐步向大规模、集约化发展过渡，设施装备通过协调配套、统筹开发"三化"工艺，并结合机械化、自动化和信息化技术，将为未来工厂化育苗提供更先进的解决方案。技术和系统的不断完善，将使得工厂化育苗技术会更加集约化，生产技术也将会更加现代化。工厂化育苗是当前育苗技术最先进的形式，虽然目前国内种苗行业掌握了相关技术，但与先进国家相比，仍旧有很大差距。这就要求有关企业和科研单位加速对其的研究进程，做好产品的研制开发。

3. 大型化、专业化是未来的发展方向

工厂化育苗的优点之一是运用规模效应，实现减少单一产品成本和提升产品

效益的目的，规模较小不能发挥出育苗设备设施的效能，专业化的设备设施能够进行自动化、智能化精确管理，减少人员成本和操作成本，更有效地提高生产率。通过加强工厂化育苗的建设，促进相关产业的规模化和现代化，以实现更加可持续的发展。

4. 加强产业交流，带动乡村振兴

开创有特色的工厂化育苗技术，积极研发各种作物的嫁接苗，研发有特色的种质资源。同时拓宽特色种苗的营销渠道，与网上平台合作进行多渠道销售，利用现代化的媒体平台，极大地扩宽销售市场，推动销售方式的创新。还可以借助如今比较流行的直播方式，将工厂化育苗的一系列流程向公众开放，普及农业知识，多渠道带动乡村振兴。

第三章

新疆设施农业机械化生产技术

第一节　设施农业耕整地机械及技术分析

一、耕整地机械

（一）耕整地机械的概念

耕整地机械化可以对农田进行耕地和整地作业，打破犁底层，以改善土壤结构、疏松土壤、恢复土壤肥力，促进作物萌芽生长，为下一步播种施肥、幼苗栽植创造良好的土壤环境条件。

（二）松翻耕整地意义

1. 有利于作物生长发育

农作物根系的生长发育状况与土壤的自然生态条件息息相关，而培育良好的根系是作物高产的基础。深翻耕种植土层可以为根系创造一个优良的生长环境，促进根系快速生长，使作物根系垂直分布整体向下移动，吸取深层土壤中的肥沃养料。田间实地测试表明，在耕层较浅、质地坚硬的土壤环境中，作物根系短小，光合作用减弱，叶片衰老加剧，产量、干物质和品相降低。而与此相反，如果生长在耕层厚实、土质疏松的环境中，农作物光合作用显著增强，较好的光合效果使得植株根系粗壮发达、活力旺盛，产量和品相也随之增加。

2. 改善土壤种植环境

经过翻耕机械作业，土地肥力增加，土壤颗粒细化，所含生物质营养成分被加速催化激活释放，更易于被农作物根系吸收。种植区域全耕层土壤疏松透气，促进氧气流通和微生物活动，有利于作物根系生长发育。土壤物理结构也得到了全面的改良和优化，杂草和病虫害的发生明显减少。深松铲在土层底部产生导流槽，起到蓄水保墒作用。而上部经过翻松耕之后生成疏松的海绵体，增强了土壤的通透性和保水性，便于存储天然降水和灌溉用水，可以保障农作物在出苗发育生长期时水肥均衡稳定供给。

3. 农业生产重要环节

整地是最基本的农田作业环节，经过整地之后，土地表面细碎疏松且平整度

45

较好，为随后的施肥播种和种子发芽创造一个良好的生长环境。滴灌铺膜播种和精准农业的技术发展，对农田平整度的要求也越来越高。平整度、碎土率、灭茬率等各种整地质量指标的好坏直接影响后续各项工作进行，而较高的发芽率、出苗率则是农业稳产高产的必备条件。

（三）耕整地机械的类型

1. 翻耕机械

翻耕机械根据其耕作部件的工作原理，可以分为铧式犁、圆盘犁和旋耕机等类型，其中铧式犁的应用最为广泛。铧式犁通过拖拉机牵引的犁具前进，达到打破表层土壤结构、疏松土壤的目的，铧式犁可进行深松作业，能够在一定程度上打破土壤的犁底层。铧式犁的结构大体包括五部分，即主犁体、犁壁、犁铲、犁刀、深松铲。主犁体的主要作用是对土壤进行切割、破碎以及翻动，同时破坏土壤中的杂草生存条件。犁壁的形式可以分为整体式、组合式和栅条式3种。犁铲起着翻土和破碎土块的作用，按照结构可以分为三角铲、梯形铲、苗形铲3类。犁刀安装在主犁体的前部，能够在竖直方向将土壤切开，以减轻犁铲工作时的阻力，减少犁铲和主型体的磨损，改善土壤的覆盖质量。深松铲安装在耕整地机械的后方，用以打破传统耕层，改善土壤的深层结构。

2. 旋耕机械

旋耕机是一种由动力驱动刀盘旋转的松、翻、整地机械，具有较强的切土、碎土、灭茬功能。一次旋耕作业即可达到多次耕整地的效果，旋耕后地表平整、土质松软，非常适合精准农业的作业要求。

目前我国的旋耕机械产品，以卧式旋耕机为主，这种旋耕机对各种类型土壤适应性较强，旋耕效果良好，可同时达到翻耕、碎土和平整土地的要求，满足多数情况下的耕整地需求。缺点则是耕深较浅，一般 12～18 cm，无法满足现代深翻耕农业技术的要求。在实际工作中漏耕情况严重，而且旋耕刀容易被杂草缠绕和泥土堵塞，导致机具动能功率消耗增大。针对卧式旋耕机存在的诸多缺陷，近年来推出了立式旋耕机和斜置式旋耕机。立式旋耕机适用于灭茬作业；斜置式旋耕机融合犁与旋耕机的特性，是新型旋耕作业机具。旋耕刀刃口作业曲线大多采用阿基米德曲线，此外，正弦指数曲线、等角对数曲线等也在不同的机型上有所应用。近年来，我国科研工作者相继提出了节能型刃口、放射螺旋线、平面型和曲面型等多种刃口曲线模式，并投入机具实际生产中，取得了较好的效果。为了适应各种地段耕整地的需求，相继开发出 1.25～2.80 m 多种幅宽的旋耕机，如南昌旋耕机厂的 1G 和 1GN 系列旋耕机，江苏连云港旋耕机集团公司的 1GE2-210 型旋耕机和 1GQN-250S 型旋耕机等。

3. 联合整地机械

平整土地是农业生产中重要的基础作业环节，精准农业不断发展，对土地的平整度要求也越来越高。联合整地作业机配有圆盘耙、钉齿耙、平土框、碎土辊、镇压器和耱子等部件，一次作业即可完成碎土、松土、平整和镇压等多道工序，作业速度快，工作效率高。

随着我国农业机械化的逐步推进，联合整地作业机的研发和推广应用也快速发展。各地根据种植作物农艺需求研制了品种繁多、功能各异，集旋耕、灭茬、碎土和整地于一体的联合作业机。目前我国的联合作业机机型有旋耕深松联合作业机、SGTN-280 型联合整地机、1GHL-280 型旋松起垄机、1GSZ-210/280 型组合式旋耕多用机及耕耘整地播种联合作业机等，多种型号并存，形式功能多样。新疆联合作业机机型有 YTLM 系列起垄覆膜机，如图 3-1 所示。

（四）设施农业耕整地机械化作业技术

1. 深松与施肥技术

（1）深松作业技术。在设施农业栽培过程中，深松作业的主要功能是疏松土壤，打破犁底层，使底部土层熟化，提升水分的渗透量和渗透速度，使土壤固相、液相、气相之间的比例得以良好改善，以此实现其理化性能的进一步优化。通过该种方式，不仅可以有效促进农作物的根系生长与扩展，增强其吸收能力，同时也可以实现农作物产量及其质量的进一步提高。而在通过机械化作业技术进行深松的过程中，根据其作业性质，可将其分为两种深松形式，第一是局部深松，第二是全面深松；而按照作业机械自身的结构，则可以将其划分成更多的形式，如振动深松、铲式深松及凿式深松等。大田深松是一项主要的保护性设施农业栽培耕整地技术形式，该技术在目前已经得到了广泛应用，且其机型也已经较为成熟。例如，山西河东雄风农机有限公司的河东雄风牌 1SC-450 深松机在深松作业中十分常用，其作业深度在 35～45 cm。在对设施农业栽培进行耕整地

垄形对应型号

垄形宽窄 多种选择
高低可调

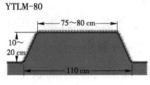

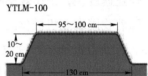

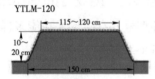

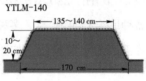

新增膜下同时
铺滴管功能

机型主要参数

名称	起垄覆膜机					
型号	YTLM-60	YTLM-80	YTLM-100	YTLM-110	YTLM-120	YTLM-140
连接方式	三点式悬挂					
传动方式	侧边齿轮传动					
配套动力/马力①	30~40	30~50	40~50		50~60	60~80
重量/kg	225	255	284		310	345
外形尺寸（长×宽×高）/cm	140×120×110	140×140×110	140×160×110		150×180×120	150×200×120
垄面宽幅/cm	55~60	75~80	95~100	105~110	115~120	135~140
起垄高度/cm	10~20					

图 3-1　YTLM 系列起垄覆膜机

作业的过程中，深松作业常常没有得到足够重视。就实际来看，在各种设施农业作业条件下，很多耕层上的土壤都存在过度压实情况，耕层底部已经有犁底层形成。表 3-1 是某蔬菜大棚中的犁底层测量情况。

———————————

① 1 马力≈735 W，全书同。

表 3-1　某蔬菜大棚中的犁底层测量情况　　　　　单位：cm

序号	项目	参数
1	犁底层与地面距离	15～18
2	犁底层厚度	8～12
3	犁底层需要深松的深度	30～35

经以上测量数据发现，在对设施农业栽培中的犁底层进行深松时，可暂时将大田深松机械加以合理应用，同时也需要加大力度进行设施农业栽培耕整地作业中的专用深松机械研究与开发。

（2）施肥作业技术。在深松过程中需要配合有机肥施加，这样便可让土壤中的有机物得以良好利用。如果设施栽培中的茬次比较多，要想提高其产量，就需要提高土壤、肥料和水的要求，尤其是在肥料方面，更是需要较常规的栽培多一些。通常情况下，设施农业栽培中的肥料施用方法有两种，第一是基肥撒施，第二是根部追肥。对于设施农业栽培而言，其基肥主要为有机肥料，并与少量具有缓解性效果的化肥相配合，同时应做好施肥量的控制。在施用有机肥的过程中，需使其充分腐熟，均匀撒施，并将其翻入土壤内部。一般情况下，基肥可就地取材，其种类包括塘泥、河泥、畜禽圈舍垫料和畜禽粪便等，或者是堆腐之后的碎秸秆及草炭等。此类肥料大多为自然散状形态，颗粒大小、杂质含量、水分含量等都不固定，这样的情况也为机械化作业带来了较大难度。基于此，如果想通过机械化的方式进行基肥施加，则需要选择颗粒状或者是粉末状的商品有机肥，同时也需要对农家肥的加工方式及其机械设备加以进一步研究。在通过机械化技术进行设施农作物追肥的过程中，主要的肥料应选择化肥，且需要少量、多次追加，具体用量需按照设施农作物种类来确定，但应做好追加总量的控制。具体追加中，可通过人工和机械相结合的方式进行追肥，也可以通过滴管技术来进行追肥。表 3-2 是设施农业栽培中的施肥作业技术参数控制情况。

表 3-2　设施农业施肥作业技术参数控制情况　　　　单位：kg/hm²

序号	项目	参数
1	普通蔬菜基肥量	7 500
2	黄瓜基肥量	11.25
3	一般追肥量	150～300
4	最多追肥量	750～900

2. 整地翻耕技术

在设施农业栽培过程中，蔬菜根系的分布深度将会对其品质与产量产生决定性作用。根系分布越深，农作物对于水分和肥料的吸收范围就越大，对于不良环境也将会具有更强的抵御能力，可实现农作物产量与质量的进一步提升。通常情况下，整地耕翻深度需要达到 25 cm。在大棚耕翻中，主要的机械包括铧式犁、旋耕机及双向犁等，有时需借助于翻耕技术将地面上的杂草、秸秆落叶和农作物残茎等翻埋到深层中，并加入有机肥料，使其和深层土壤搅拌在一起，在通过微生物将其分解之后，形成腐殖质，这时再通过旋耕机作业，便可达到良好的应用效果。就目前的整地翻耕技术来看，其主要的机械有两种，第一是手扶拖拉机，第二是四驱型拖拉机及其配套机械。

（1）手扶拖拉机的应用。在手扶拖拉机中，配套动力通常会选择汽油机或柴油机，其功率在 2.2～5.88 kW，借助于独立传动系统及行走系统，可以在动力允许的情况下将多种农用机械安装到一台手扶拖拉机上。该种机械设备不仅体型小巧，且十分灵活，可在设施农业栽培耕整地作业中发挥出良好的应用效果。具体应用中，应尽量确保耕地平坦，将坡度控制在 15° 以内，高低落差不可超过 20 cm，作业中需注意观察周边环境，随时做好应急准备。如果作业中的操作人员需要轮换，或者是需要将刀架上缠绕的杂草清除，则需要将手扶拖拉机的发动机停止运转，在机械停止之后再进行上述操作。在完成作业之后，应及时做好手扶拖拉机清理，使其保持整洁。

（2）四驱型拖拉机及其配套机械的应用。对于手扶拖拉机动力不能满足的设施农业栽培条件，就需要应用到四驱型拖拉机及其配套机械设备。这种机械设备的体积很小，结构十分紧凑，且转弯半径也很小。例如，山东潍坊拖拉机厂集团有限公司生产的四驱型拖拉机便可有效满足此类设施农业需求，在设施农业耕整地作业中就具有非常好的应用优势。表 3-3 是该四驱型拖拉机的主要技术参数。

表 3-3　TY204 型拖拉机主要技术参数

序号	项目	参数
1	外形尺寸 /mm	2 710 × 1 222 × 1 338
2	发动机标定功率 /kW	14.72
3	轮距 /mm	1 000
4	轴距 /mm	1 512
5	离地间隙 /mm	266

在四驱型拖拉机的应用中，可将大田作业中常用的双铧犁、开沟机、旋耕机用作其配套机械，这样不仅有效提高作业效率，作业质量还能够充分满足设施农业栽培耕整地中的实际作业要求。特别是在一些连片化及规模化的设施农业栽培耕整地区域内，其应用效果更是十分明显。但是就目前来看，四驱型拖拉机的配套机械中并不具备足够的复式作业机械，大多数的机械都仅仅具备单项作业功能，且需要多次作业才可以完成所有的耕整地作业，其整体作业效率依然需要进一步提升。

3. 起垄技术

在通过机械技术进行设施农业起垄作业的过程中，最为常用的起垄方法有3种，第一是开沟起垄；第二是覆土起垄；第三是通过起垄刀起垄。其中，开沟起垄就是通过开沟机在地面上开出一条垄沟，或通过铧犁在地面上犁出一条垄沟；覆土起垄就是同时通过起垄圆盘或者是起垄铲将待耕地上的碎土从两侧移送到中间，并堆覆起一道垄台，进而形成一个两侧低中间高的畦面，然后再借助于整形器来做好垄型控制；起垄刀起垄就是在旋耕过程中借助于起垄刀从两侧将碎土移送到中间，使其成为一道垄台。就目前的设施农业栽培而言，起垄作业中应用最多的机械技术是覆土起垄及起垄刀起垄，且这两种起垄技术的机械设备机型也较为成熟。在利用覆土起垄技术起垄的过程中，应先耕作后再起垄，这样便会使机械多次进入土壤中，因此相较于起垄刀而言，其作业效率比较低。在通过起垄刀进行起垄的过程中，起垄作业可以和旋耕机作业同步进行，这种起垄作业方式在当今的大棚设施蔬菜起垄作业中十分适用，且随着设施农业栽培耕整地机械技术的不断发展，旋耕起垄一体化技术也得到了进一步完善，一机一垄技术、一机两垄技术甚至是一机多垄技术都已经在设施农业栽培中得以实现。

二、机械化起垄技术

（一）设施农业起垄特点及机械起垄作业技术要求

起垄是蔬菜全程机械化的一道重要环节，关系后续蔬菜移栽和田间管理等机械的作业质量。目前用于设施蔬菜起垄的作业机具有开沟机、起垄机和蔬菜联合精整地机等，通过松土、垄土、成型和镇压等过程，实现土壤在设施内小范围转移，使土垄形成预定形状，符合蔬菜栽植要求。

1. 设施蔬菜起垄特点及工序

我国蔬菜作物种类较多，农艺要求千差万别，导致蔬菜垄型结构多种多样。另外，相比露地蔬菜，设施蔬菜的作业成本较高，生产技术更加复杂，因此设施蔬菜更加注重单位面积产量和质量，以提高经济效益。露地蔬菜生产的整地环节以普通旋耕机为主，整地质量较差，而设施蔬菜生产的整地环节目前以精细化作业为主，对土壤的碎土率、耕深稳定性、垄体表面平整度和直线度等作业指标都提出了更高的要求。设施蔬菜起垄主要工序为：起垄前整地→精细旋耕→起垄→镇压。其中在整地环节根据种植蔬菜品种的耕深农艺要求需辅以深松作业。精细旋耕主要包括粗旋和细旋两个过程，粗旋由弯刀完成，细旋由直刀完成，一般通过复式联合作业机一次作业实现，也可通过普通旋耕机多次作业实现，可由土壤物理特性和含水率决定作业方法。针对难以破碎的黏性土壤，复式联合作业机的作业效果更好，且具有省时省力和减少土壤机械损伤的优势。

2. 起垄作业技术要求

标准化、高质量的整地起垄是实现设施农业生产全程机械化的基础，不仅有利于各作业环节间的机具衔接配套，也有利于提高后续作业效率。设施农业生产对整地起垄总体要求可总结为：浅层碎、深层粗、耕要深、垄要平、沟要宽。

（1）起垄前的深耕整地。蔬菜起垄前一般要进行深耕整地处理，保证土壤耕层深厚，一般采用铧式犁、深松机等进行作业。整地的主要目的是细碎土壤、降低起垄时的阻力、提高土壤紧实度和起垄质量、改善土壤物理及生物特性，创造适宜蔬菜作物生长的良好土壤环境。

（2）起垄机械的选择。根据土壤特性、蔬菜作物的农艺要求和动力匹配等因素选择合理的起垄机械。起垄机具进地前应根据不同的蔬菜作物调整好起垄垄距和垄高。对于栽植深度要求较大的蔬菜品种可选择开沟机，后期再进行二次修垄。

（3）作业质量要求。我国目前尚未制定蔬菜起垄规范和起垄机作业质量标准，行业内只对复式联合作业机具提出了具体的指标要求，包括旋耕、起垄、镇压等环节。蔬菜起垄时耕地含水量为15%～25%作业效果最佳，旋耕深度合格率要求在85%以上，垄高合格率达到80%以上，碎土率最低要求达到50%以上，耕后的地表平整度误差小于 5 cm，垄体直线度误差小于 5 cm。具体的垄高要求由蔬菜作物的农艺要求决定，起垄方向要因地制宜，一般以南北方向较好。蔬菜垄型结构多样，根据垄高和垄顶宽的要求，垄侧坡度一般在 50°～70°。

（二）设施农业起垄设备生产应用现状

1. 起垄机械生产应用现状

我国机械化起垄技术开始较晚，又因我国特殊的蔬菜种植模式及地理条件，规模化、标准化的机械化种植模式难以有效推广，所以目前我国蔬菜起垄技术及整个蔬菜产业生产水平与国外相比仍有不小差距。通过调研发现，我国设施蔬菜在整地起垄环节的机械化水平达到 80% 以上，但专门用于设施蔬菜起垄的设备较少，大部分以大田作物机具代替，没有针对蔬菜的种植模式及农艺要求单独研发适用机型。机具普遍存在起垄高度不够、耕深不稳定，垄体直线度误差大、垄沟余土多、垄体紧实度差和机具作业效率低等问题，机具功能单一、产品可靠性差，造成设施蔬菜机械化作业质量差，严重影响设施蔬菜生产的产量和质量。国内设施蔬菜起垄机具生产厂家较少，主要集中在江苏、上海和山东等地。主要有上海市农业机械研究所、盐城市盐海拖拉机制造有限公司、黑龙江省农业机械工程科学研究院、山东青州华龙机械科技有限公司和山东华兴机械股份有限公司等。

我国的机械化起垄技术经历了从单一起垄到旋耕起垄施肥复式作业的发展历程。目前我国机械起垄方式主要有开沟起垄、微型旋耕起垄和旋耕起垄施肥镇压联合复式作业等。开沟起垄主要适用于高垄种植的蔬菜品种；微型旋耕起垄主要适用丘陵地区和 6 m 大棚；复式作业机是目前主要起垄作业机型，具有作业质量好、机具适用性广、作业效率高等优点。

2. 起垄机械规格和性能

蔬菜起垄机械按一次起垄数量可分为单垄起垄机、双垄起垄机和多垄起垄机，其中设施蔬菜以单垄为主，双垄和多垄常见于露地蔬菜；按配套动力可分为微型旋耕起垄机、果园型拖拉机配套起垄机；按照挂接方式的不同可分为悬挂式起垄机和自走式起垄机。在设施蔬菜起垄设备的各项起垄质量要求中，起垄的直线度、起垄高度以及垄体紧实度是最为重要的指标。目前国内外部分厂家生产的设施蔬菜起垄设备的主要规格和性能参数见表 3-4。

表 3-4　国内外部分厂家生产的设施蔬菜起垄机械的主要规格和性能参数

厂家	型号	垄数	垄高 / cm	垄距 / cm	配套 动力 / kW	特点
山东青州 华龙机械科 技有限公司	1ZKNP-125	1	15～20	70～125	40	可一次性完成旋耕、起垄、镇压作业，且装有液压偏置装置，机具作业中可左右偏移
黑龙江德沃 科技开发有 限公司	1DZ-180	1～2	10～20	90/180	60	整机采用前后双刀轴布置，提高了碎土率，增加了设备对不同农作物、不同区域种植农艺要求的适应性。主要适用于平原地区
意大利 HORTECH 公司	PERFECTA- 140	1	5～20	160	40	一次性能完成旋耕切土、精细碎土、精量施肥、镇压、平整、起垄定型等多项联合作业。主要适用于平原地区
意大利 COSMECO 公司	单垄起垄机	1	15～30	100	40	主要适用于高垄种植的蔬菜作物，作业后垄沟余土少，直线度误差小
日本 YANMAR 公司	单垄起垄机	1	10～20	80	25	旋耕刀轴采用中间传动，减小了机具尺寸，提高了机具田间适应性

（三）设施蔬菜垄型结构

我国设施蔬菜作物种类繁多，种植农艺要求复杂，蔬菜种植的垄型结构也千差万别。而随着我国蔬菜生产全程机械化模式的快速发展，农机农艺融合研究的不断深入，蔬菜垄型结构也在逐渐向标准化、系列化方向发展。目前我国的蔬菜垄型结构可主要分为以下 3 种典型类型。

1. 宽平垄

该垄型垄距 1 800 mm，垄沟宽 300 mm，垄顶宽 1 400 mm，垄高 150 mm，主要适用于平原地区露地蔬菜以及连栋大棚（图 3-2）。宽平垄主要适用于叶用莴苣、普通白菜和青花菜等叶（花）菜类蔬菜作物。目前宽平垄常见于上海地区的叶菜生产以及东北地区的胡萝卜生产，主要适用机型有德沃 1DZ-180 型整地机和意大利 HORTECH 的 PERFECTA-140 起垄机。

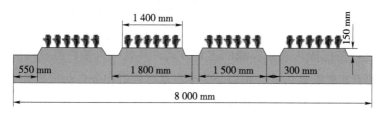

图 3-2　宽平垄结构

2. 中高垄

该垄型垄距 1 200 mm，垄沟宽 300 mm，垄顶宽 650 mm，垄高 250 mm（图 3-3）。中高垄适用性较广，可用于 6 m、8 m 及连栋大棚。中高垄主要适用于番茄和辣椒等茄果类蔬菜，是目前大棚内应用面积最广、适用品种最多的垄型结构，常见于江苏、安徽、山东等地，主要作业机型有日本 YANMAR 的单垄起垄机和青州华龙 1ZKNP-125 整地机。

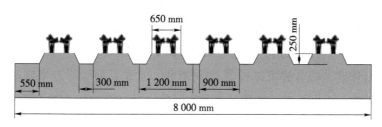

图 3-3　中高垄结构

3. 高窄垄

该垄型垄距 900 mm，垄沟宽 300 mm，垄顶宽 400 mm，垄高 350 mm（图 3-4）。高窄垄主要适用于草莓、甘薯等少数蔬菜作物。主要利用开沟机、深松机和单垄起垄机配套作业完成。

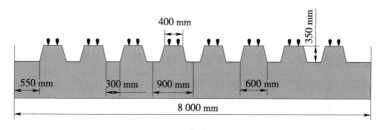

图 3-4　高窄垄结构

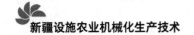

第二节　设施农业移栽机

机械化栽植已成为蔬菜移栽的主要方式，其栽植机械性能直接决定移栽质量。根据移栽机的喂苗方式，可以分为半自动移栽机和全自动移栽机。目前市场上常见的移栽机主要是半自动移栽机，需要人工喂苗。人工投苗效率不高，长时间作业存在漏苗现象，进而错过农时影响幼苗的生长状况，造成经济损失。全自动移栽机无须人工投苗，用工成本低，显著提高了作业效率。

一、移栽机的特点

移栽机由独立的栽植单组构成，每个单组由其地轮传动，因此可以与不同大小的拖拉机配套使用，组成2～6行的移栽机，具有积木式特征。旋转杯式喂入器栽植机采用了旋转杯式喂入器。喂入器由数个喂入杯组成，喂入杯的直径与秧苗钵体的大小相对应。每个喂入杯下面有活门，活门的开闭由凸轮机构控制，在喂入杯转到导苗管的上方时打开，让幼苗下落，然后关闭。在喂入杯关闭的时间段内，都可以进行喂苗，因此延长了人工喂苗的时间，可以进行快速连续的喂苗作业，每分钟可以投苗60～70株，这是目前世界上半自动移栽机最快的投苗频率，因为人工投苗的频率是有限的，对于旋转杯式喂入器，其极限是70株/min，如果超过极限，会出现漏栽的现象。栅条式扶苗器幼苗从导苗管内下落后，穿过由扶苗栅条形成的通道，落入由开沟器开出的苗沟内，在扶苗栅条的扶持下，幼苗不会向任何方向倾倒，处于直立状态，在开沟器向前移动的同时，从开沟器尾部回流的土壤首先将幼苗的根部覆上土，形成第一次覆土，此时扶苗栅条也被埋没在土壤中，在机具向前运动的同时，"V"形镇压轮将沟壁土壤向下推压，形成第二次覆土，并将土壤压实，而此时的扶苗栅条一边相对于幼苗向上运动，一边继续起着扶苗作用，以防止幼苗在覆土压实过程中被压倒或被土壤埋没，随着机具的向前运动，扶苗栅条逐步脱离幼苗，完成扶苗任务，幼苗的栽植过程也随之结束。由于采用了栅条式扶苗器，大大提高了栽植幼苗的直立度和栽植质量的稳定性。导苗管的作用是将幼苗输送到沟底。由于幼苗在导苗管内的运动是非强制性的，与钳夹式移栽机的强制性送苗方式不同，因而不容易产生伤苗现象。

二、移栽机械关键技术的研究

取苗机构是区别全自动移栽机和半自动移栽机的重要标志。全自动移栽机械关键技术主要包括苗盘输送、定位、取苗、分苗、整机控制系统和其他配套技术。

1. 苗盘定位、输送技术

苗盘输送装置是自动移栽机械的主要技术环节，其精准性、稳定性和合理性直接影响自动移栽机的整体工作效率。苗盘输送机构包括送苗、苗盘定位和回收等过程，其中苗盘定位是决定精准取苗的关键。

澳大利亚 Williames 公司研制的全自动多行移栽机，采用直列式的苗盘输送安装方式，节省横向空间，实现了多行移栽；通过机械结构对穴盘限位，纵向送苗的方式实现了精准定位。日本全自动移栽机械大多采用水稻插秧机沿袭而来的倾斜式送苗方式，通过双螺旋机构控制横向和纵向的送盘，并通过机械装置和触发式传感器实现对软盘定位。

我国江苏大学姚梦娇研制的电动自动移栽机，苗盘输送结构采用水平安装方式，通过电机链条平移输送、双传感器精确定位技术，对穴盘进行精准定位，克服了以往单传感器苗盘定位输送控制方法存在偶然性、定位偏差大和不稳定的问题。此方法对我国主流的 PVC 软性穴盘易变形特性有较强的适用性，具备推广运用价值。此外，黑龙江八一农垦大学万霖通过齿板对穴盘定位和改变螺距控制进给量的方式，实现了穴盘的定位、输送功能；中国农业机械化科学研究院杨传华根据穴盘外在特征，通过在苗盘输送带上设计用于定位苗盘的挡块的方式，达到了精准定位的目的。

2. 取苗技术

全自动移栽机能极大程度提高农业生产效率、降低成本并提高产量。取苗机构是全自动移栽机的核心机构，关系自动移栽机的工作效率和作业效果；但由于作物幼苗和穴盘材料、形状种类繁多，通用的取苗机构是我国移栽机装备研制的一大瓶颈。

（1）苗钵力学特性研究。在钵体力学特性方面，韩绿化等以黄瓜穴盘苗为对象开展力学特性、压缩－力松弛和钵体拉拔力等试验，为取苗机构末端执行器的研究提供了理论依据。金鑫以番茄穴盘苗为对象，开展抗压性能、苗钵蠕变特性、取苗拉拔力等试验，为五杆－定轴轮系取苗机构提供了理论依据。马一凡等通过研究苗钵的抗压特性、蠕变特性和拔苗阻力等力学特性和苗钵根系分布特点等，为夹钵式和夹茎式等取苗方式、结构设计、取苗角度、取苗深度、夹苗部位和夹取力等提供了理论参数。

（2）取苗机构。近些年，国内外主流的取苗方式为夹取式、夹茎式、顶出夹取式、气力式等。夹取式在我国研究较多，为达到较高的取苗成功率，要求苗钵的盘根性好，对育苗工艺有较高要求。Choi 等研制了一种多连杆取苗机构，该取苗装置由实现取苗、放苗运动的五连杆和夹取苗的取苗针组成，通过滑道限位和摇杆机构实现取放苗运动。胡建平等设计了一款指夹式取苗爪，通过气缸驱动，带动取苗爪收缩，实现对苗钵的夹取。取苗爪整体修长，可多个并排安装，实现整排取苗，整体效率较高。此外，该团队设计的蔬菜密植移栽机 2ZBA-6，整体移栽效率较高，相对成熟稳定，具备较强的市场应用前景。

夹茎式取苗机构，工作时作用部位为植物的茎秆，因而多用于辣椒、番茄等茎秆较硬的茄科植物的移栽。韩长杰等针对辣椒穴盘苗设计了一款自动移栽机，通过气缸驱动实现夹茎、拔苗、分苗和放苗等动作，该机构气动力控制较难，夹苗过程中对茎秆有一定的损伤。顶出夹取式移栽机的研究多见于欧美等国家，并有成熟的产品在生产上进行应用。Armstrong 等针对欧美特异性泡沫硬质穴盘，研发了一种推苗式取苗装置。张思伟研制了一款顶夹拔组合取苗机构，该机构通过顶苗、夹拔苗组合的方式取苗，消除了夹取苗方式因受钵体与穴盘间的黏附力和苗钵盘根性差对取苗成功率的影响。取苗方式的研究，主要受到栽植形式、穴盘规格和苗钵特点的影响。目前，投入生产应用的全自动移栽机有绿叶菜密植移栽机械、辣椒穴盘苗全自动移栽机和全自动西蓝花钵苗移栽机。

3. 控制系统设计

全自动移栽机的控制系统主要分为机械式控制系统和机电控制系统。机械式控制系统通过一些特殊机械结构，实现特殊的运动轨迹和机构件的配合。机电控制系统由传感器、执行器、控制器和软件组成，可实现对整机的控制。机电控制系统可处理复杂的控制操作，目前在全自动移栽机上广泛应用。

杨传华等研制的蔬菜钵苗移栽机自动输送装置，魏新华等设计的穴盘苗自动移栽机运动协调控制系统，姚梦娇设计的电动自动移栽机苗盘输送与栽植控制系统，都以 PLC 控制为基础，对苗盘输送、取放苗和整机间的控制进行了详细的研究。

三、新疆主要推广的移栽机械

1. 2YDB-6 型半自动移栽机

2YDB-6 型半自动移栽机适用番茄、辣椒、菊花、棉花、玉米等作物的移栽。该机采用新型吊篮式移栽机构、回转杯式喂苗机构，可以实现打穴、栽苗、覆土压实等一体化作业。移栽机具有自动仿形的功能，可以解决由于地形不平整导致的移栽深度不一致的问题。移栽机上配有回转杯式喂苗机构，降低因投苗速度与移栽单体转动速度不一致造成空穴的问题，减轻了人工投苗的劳动强度，大量节约劳动力。投苗手在移栽机最后方，投苗时投苗手面向前方，便于出现问题时，及时与驾驶员沟通交流。

2. 春田牌 2ZB-2 型半自动移栽机

重庆北卡农业科技公司的春田牌 2ZB-2 型半自动移栽机可实现自动烫膜、送苗、机械手栽苗、培土 4 个功能，实现机械化，大大降低了人工作业劳动强度。人工坐式投苗，采取遮阴措施，改善了作业环境。目前人工移栽效率大致为 1 亩 /（d·人），而经过试验，半自动移栽机作业效率至少能达到 20 亩 /d，因此，一天单机机械移栽是单人人工移栽效率的 20 倍以上。半自动移栽机移栽深度、株距、行距均可调整，同时保证均匀一致，机栽缓苗期短成活率高、防寒抗旱。半自动移栽机机构科学合理、坚固耐用。人员经过培训就可作业，设备运行调整、拆卸、维修等都方便。适合在平地、铺膜地及垄上移栽番茄、辣椒、烟草、蔬菜苗等移栽。根据用户需要，可生产一行、两行、三行、四行，半自动移栽机，并可配置喷水装置。

该机有以下 6 个方面的特点。

（1）下苗精确，机械载苗率达 90% 以上。

（2）劳动强度低，打洞、栽苗、铲土、覆盖都是机械化，大大地降低了人工作业劳动强度，采用人工坐式投苗，上面又有遮阴布，改善了人工作业环境。

（3）作业效率高，这台机子需要 5 人作业，4 人投苗，1 人驾车，正常情况下，1 d 可移栽 20～25 亩，如果早出晚归的话，可移栽 20～30 亩，如果 5 人人工栽苗，1 d 可移栽 7～8 亩。

（4）节约成本，利用移栽机栽 1 亩地仅收费 60 元，而人工移栽 1 亩地需要 120 元人工费。

（5）移栽质量高，这台机子的株距在 25～40 cm，行距在 30～60 cm，能适应不同作物的移栽，并且深度、株距、行距能均匀一致，栽苗非常规范准确。

（6）结构简单，操作方面，人员经过简单培训就可上去操作，而且机具的调整、拆卸、维修都非常方便。

3. 全自动移栽机

该机由新疆茂林公司研发，是一种全自动取喂穴盘苗移栽机，用于膜上或裸地上移栽穴盘苗作业。包括输送苗盘机构、取喂苗机构、接苗器、导苗杯，输送苗盘机构将苗盘输送至所述自动取喂苗机构的取苗位置，自动取喂苗机构从苗盘中一次取出多株穴盘苗并将其喂入接苗器，穴盘苗因自重从所述接苗器中落入对应的导苗杯，使移栽机械作业过程中的输送苗盘和取、喂穴盘苗过程实现了自动化，提高了移栽机械工作效率，降低了移栽作业的劳动成本。茂林公司研发的自控旱地移苗机，将一次单株进苗改进为 8 株进苗，日移栽量由 8 亩提高到 30 亩。该移苗机的使用有效提高了旱地栽培苗木的移栽质量和效率，缓解了移栽期用工紧张的局面。

4. 2ZB-2 型移栽机的研制

2ZB-2 型移栽机主要由两行移栽单体及地轮总成、悬挂主梁等构成。该机工作时，整机在拖拉机主轴的牵引力作用下移动，地轮由于受地面摩擦力作用获取传动力。该机主要是由人工将幼苗投入图 3-5 中的转筒中，然后随着转筒的转动，依靠幼苗自身的重力，下落到下面的接苗器中，然后覆土、镇压、完成移栽过程。图 3-5 是由新疆农业大学和农二师茂林工贸有限责任公司共同研制的 2ZB-2 型移栽机。

图 3-5　2ZB-2 型移栽机的三维装配图

第三节　田间管理

一、水肥管理

设施蔬菜生产中，水肥管理是耗费人工最大的环节之一，对作物品质、产量也有较大影响。目前，新疆设施蔬菜水肥管理已经普及水肥一体化技术，形式包括依靠水压的文丘里吸肥器和自动化水平较高的水肥管理设备。

（一）水肥一体化技术概述

水肥一体化技术是指借助压力系统，根据作物类型以及土壤养分，立足于作物的需肥特点与规律，利用液体肥料和可溶性固体肥料，按照一定比例配制肥料溶液，通过管道实施供肥、供水。不仅如此，为管道配备滴头后，便可实现定时、定量地对作物实施滴灌，让作物根系土壤始终受到均匀浸润。此种将施肥与灌溉协同起来的技术手段，在实践中需要精心计算肥料溶液的浓度，了解田间灌溉设备的使用现状，在此基础上根据气候条件、作物种类等合理控制灌溉时间。通过此种技术的应用，让水与肥相互配合，共同促进作物生长，持续优化作物的长势、产量，既能有效减少肥料、人力、水资源方面的成本投入，也能提升作物对水肥的吸收率，防止肥料对土壤带来污染问题，有效保护种植区域周围土壤环境。

（二）蔬菜水肥一体化栽培技术的应用

1. 设计与安装设备

蔬菜种植过程中应用水肥一体化栽培技术，首先，要设计与安装设备。要求技术人员在安装设备前，对种植区域进行地形、地貌、土壤条件的细致勘察，然后选择最为适宜的设备。其次，设计环节，技术人员应从地块面积、种植需求、保护措施等方面出发，对安全与设计方案加以细化调整，特别是要编制出明确的设备使用规范。通常情况下，给水管首选硬聚氯乙烯材质的管材，输送管设计则要包含主干管、支管、滴管三级管网，动力装置要保证水泵、动力机完好，要结合田间结构突出设计的适用性。最后，在设备全部安装完成后，要测试其运行情况，针对不完善之处继续加以调试，让其得以在高效可靠状态下运行。

2. 编制微灌方案

水肥一体化技术的作用是否得到有效的发挥，还要看微灌施肥的方案是否合理。在水肥一体化设施运行期间，种植人员需要对各类影响因素综合考量，如结合蔬菜不同生长阶段所需水分、生长状况、根系分布等，综合当地自然降水来确定灌溉指标，展开大面积灌溉，同时要控制好灌溉频率、单次灌溉量，确保可以满足蔬菜基础养分需求。不仅如此，种植人员还需常态化监测蔬菜根系的生长发育情况，并测定土壤含水量，以便进行有效的水分管理。尽量采取少量多次的灌溉方式，保证蔬菜在生长过程中所需要的营养和水分，促进蔬菜生长。通过对田间试验和实践分析的结果表明，与大水漫灌相比，露地微灌的灌溉限额应降低 50%，而保护地滴灌的灌水量与温室相比，应降低 30%～40%。确定灌水指标后，再根据作物需水规律、土壤墒情、种植降水等因素，科学规划灌溉频率、时间、总量。

3. 确定施肥使用制度

在完成蔬菜灌水方案后，要继续制定施肥制度，结合土壤肥力、蔬菜生长需求、目标产量等实际情况，对氮磷钾肥料的总施加量以及其他肥料施加量进行科学计算，根据季节、需水量、栽培方式来选择施肥量，确定灌溉时间。一般情况下，绿叶蔬菜的滴灌、喷灌量应该与其生长速率相适应；如果是瓜果类蔬菜，养分控制则要在开花之前进行，待结出果实后逐步增加水肥灌溉量。水肥一体化技术可以使化肥的利用率增加 40%～50%，所以在实施微灌时，要酌情降低化肥的使用量。如果常规施肥量为 5 kg，采用微灌施肥可减半，微灌施肥与常规施肥均采用有机肥、化合肥等作为底肥，但在微灌追肥时，应选用水溶性肥料。水肥一体化栽培技术所用到的硫酸铵、尿素、碳酸氢铵等肥料，必须严格检查是否通过国家标准检验。与其他品种的肥料相比，上述肥料具有杂质少、纯度高、易溶于水的特点，与水融合后不会出现沉淀物，所以可以达到理想的应用效果。在采用水肥一体化技术时，追肥中要添加微量的化肥，不要和磷素一起施用，否则会产生磷酸盐沉淀，由于此物质不具有溶解性，所以容易造成喷嘴和滴嘴的堵塞。

4. 田间水肥管理

水肥一体化技术的关键在于蔬菜种植过程中合理地配置水肥，其水肥管理的要点有三项。第一，坚持少量多次的原则，以保证作物的生长发育，防止化肥随着水分流失。第二，针对蔬菜不同的生长期，合理控制灌溉和施肥，使一体化技术的优势得到最大限度地发挥。第三，在蔬菜生长的特殊时期，应通过增加追肥频率为蔬菜生长补充更多营养成分，促使水肥利用率得到显著提升。需要说明的是，种植人员在进行设备设置过程中，应以经济适用作为指导理念，既保证滴灌和喷灌的效益，又不造成资源的浪费。实践中按需水量、灌溉范围、灌溉需求来决定输水管道和分阀的设置，在每块土地的连接部位或者每座温室中都设置一个副阀，用于调节水压，保证灌溉区域的水压稳定，使微喷口灌溉不超过规定的范围。相同的灌溉区域应该在一个平面，当地表落差较大时，要进行分区灌溉，以防止出现不均匀的情况。安装微喷带时，必须确保孔口向上，以避免水流中的杂质沉积造成管道内的孔洞堵塞。在微喷带前设置相应的开关，用于灵活调节水压大小，以上工作完成后，可按要求在地面上覆盖一层薄膜，确保水流在薄膜的保护下进行灌溉，从而降低地面水分的蒸发速度。

5. 设备维修与保养

首先，施肥前要先用清水灌溉土地，在水压稳定后，才能开始大规模的水肥灌溉，这样可以在一定程度上降低设备运行过程中的损耗程度。其次，利用农闲时节进行一体化设备养护，并定期对设备展开检修，特别是滤网的清洗和检查。在滴灌之前要添加足够量的清水，待管内水降低到标准线后再继续添水，这可以延长设备使用寿命，有利于避免因肥料结块造成滴灌或喷头堵塞。一旦发现堵塞，应从滴灌或者喷灌管端部开始，进行管道的全面清洗，直到喷口与管道通畅为止。最后，定期检查设备的使用状况，替换已经达到使用寿命的设备。若设备无法满足当前的种植需求，应适时更新。田间作业时应多加留意，避免人为因素对造成设备运行故障，加强机械设备管理，保证蔬菜产量可以达到既定目标。

二、机械化采收

（一）蔬菜采收机械

蔬菜的机械化采收技术既可解决目前蔬菜生产过程中劳动力紧缺的问题，又可促进蔬菜产业的蓬勃发展。由于现有叶菜收割机无法满足普通连栋温室的机械化生产需求，上海市农业机械研究所在前期研发的基础上研制了电动叶菜采收机（图3-6），实现了普通连栋温室越夏鸡毛菜的高

图3-6　电动叶菜采收机及鸡毛菜采收效果

效生产，大幅提高了鸡毛菜的生产水平。与人工采收相比，其生产效率提高了20倍以上。此外，由意大利浩泰克公司生产的小型自走式叶菜采收机，主要用于鸡毛菜、米苋、茼蒿等绿叶蔬菜的收获，其切割工具采用往复式切割刀，切割方式为往复式。

（二）林果采收机械

林果收获装备包括采摘装备、收集装备及采收一体机。推广应用较好的采收机械有以下几种。

1. 振动式

目前，国外研究的振动式林果收获装备主要由动力装置、行走装置、振动装置、收集装置、控制系统、液压系统等组成。根据结构形式和移动方式不同，分为5种形式：便携式、手推式、悬挂式、牵引式、自走式。

（1）便携式。便携式装备如表3-5所示，指人工手持或背挎进行采摘的一种装备。其优点是体积小、携带方便、成本低廉。对于大型采收装备只能用于立地条件好的、林间作业环境优的采摘区域进行采摘，而对于生长在比较陡峭的丘陵山地上的林果，大型装备无法到达，便携式采摘装备非常适用。装备结构简单、加工制造价格低，适合小型种植户使用。

表3-5　便携式装备

名称	采摘作物	特点	实物图
斜挎采摘装备	水果、坚果等	汽油机为动力源，曲柄连杆机构提供激振力，杆子、钩子和箱体都是由铝合金制成，保证强度兼顾质轻，手柄与机器主体分离，使操作者的振动大大降低，对称设计，左手和右手都可以使用，根据要求开口可变，延伸杆有不同长度	
背负采摘装备	橄榄、核桃、榛子、杏等	采用汽油机为动力源，人体工程学设计，使压在操作员手臂上的重量大大减轻，振动产生于远离操作员身体的地方，并被置于手柄和发动机轴联器上的防振系统所吸收，舒适度更好，比传统设计具有更高的生产率	

（续表）

名称	采摘作物	特点	实物图
手持采摘装备	较小的浆果或坚果等	电动钩式振动头，采摘能力是手动的 3 倍，振动频率范围 12～44 Hz，并可记忆设定频率。两种类型的钩子选配，超轻的碳纤维延长杆，符合人体工程学的触发器手柄，插入式电池，专门为机械采摘设计，不会使操作者感到疲劳，提高采摘效率	
	桃子、蓝莓、干果等	采用压缩空气作为动力源，钩形末端执行器，可振动直径 40 mm 以下的树枝或树干	

（2）手推式。手推式装备如表 3-6 所示，指人工辅助操作进行采摘或收集的一种装备。其优点是整机尺寸小、机动灵活、操作简单、自重轻，能在机动车辆不便使用的情况下工作。手推式是介于便携式和自走式之间的一种机型，适合中小型种植户使用，能在相对狭小林间穿梭作业，对操作者的技术要求不高。其缺点是劳动强度相对较大、效率相对较低。

表 3-6　手推式装备

名称	采摘（收集）作物	特点	实物图
手推组合式采收装备	坚果、水果等	便携式采摘装备与收集装备配合使用；收集装备采用手推式，结构简单、质量小、方便运输；便携式采摘装备采用振动斜挎式，双手操作，舒适式好	 组合采收装备

（续表）

名称	采摘（收集）作物	特点	实物图
手推滚刷式收集装备	核桃、栗子等	收集装置前方带有电动旋转毛刷，将果实扫到收集箱中，整机的行走由人工操作，质量小、机动灵活，适用于地势平坦的果园	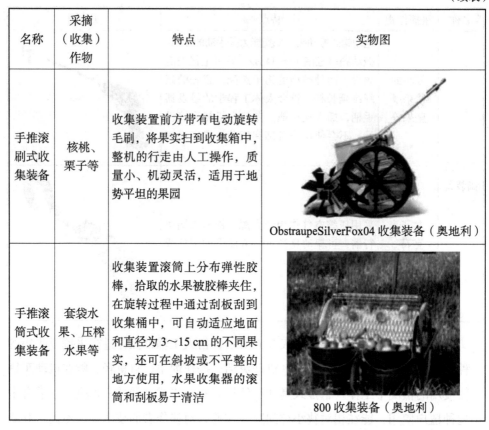 ObstraupeSilverFox04 收集装备（奥地利）
手推滚筒式收集装备	套袋水果、压榨水果等	收集装置滚筒上分布弹性胶棒，拾取的水果被胶棒夹住，在旋转过程中通过刮板刮到收集桶中，可自动适应地面和直径为 3～15 cm 的不同果实，还可在斜坡或不平整的地方使用，水果收集器的滚筒和刮板易于清洁	800 收集装备（奥地利）

（3）悬挂式。悬挂式装备如表 3-7 所示，指采摘（收）装置安装在拖拉机的机体上进行作业的一种装备。一般安装在拖拉机头部或机尾部，动力由拖拉机动力输出轴提供。

其优点是成本低、视线好、能用不同动力装置连接。采摘（收）装置于拖拉机前方或后方，驾驶员具有较好的视线。由于借助拖拉机作为动力，将采摘（收）装置拆下后可安装其他机具，"一机多用"提高拖拉机的利用率，同时降低了采摘（收）装备的成本。

其缺点受拖拉机种类和型号的限制，出现整机尺寸较大、拆装困难、操纵性较差等问题。采摘（收）装置被分散安装在拖拉机的不同特定部位，用户每个采摘（收）季至少要安装和拆卸 1 次。拖拉机悬挂式采摘（收）装备一般较重，需要拖拉机机身承载，在林间作业由于土壤松软，作业时拖拉机轮胎会沉陷，从而影响拖拉机的操纵性。另外，由于拖拉机种类和型号众多，悬挂架形式、尺寸、动力输出轴等不尽相同，致使采摘（收）装置的安装接口需要多种尺寸，安装的通用性较差。

表 3-7　悬挂式装备

名称	采摘（收）作物	特点	实物图
悬挂臂式采摘装备	橄榄、柑橘类水果、李子、杏仁、开心果等	振动头安装在前部或后部，可伸到树冠里进行枝干夹持采摘，振动头可转动，配有伸缩臂可停在一个位置采摘多棵树，从而提高了采收率，实现最佳振动效果	AUTOPICKMT 振动采摘机（西班牙）
		与挖掘机配合使用，振动头结构简单、拆卸方便、成本低，能与不同的机型连接	PUMA 振动采摘机（意大利）
悬挂臂式采收装备	核桃、杏仁等	收集装置可拆卸，有钢制和铝制的两种选择；可安装在轮式或者履带拖拉机上，动力由拖拉机提供；采收装置可安装在拖拉机前部或后部	M6 型振动采收机（西班牙）
悬挂支撑轮式采摘装备	核桃、杏仁等	振动头自由度多，可伸到树冠里进行枝干夹持采摘，带有支撑轮，承担部分重量，不需要较大马力的拖拉机	TR50 振动采摘机（意大利）

（续表）

名称	采摘（收）作物	特点	实物图
悬挂支撑轮式采收装备	核桃、杏仁等	采收一体，收集装置可拆卸，振动头可伸到树冠里进行枝干夹持采摘，振动头可转动，带有支撑轮，承担部分重量，不需要较大马力的拖拉机	 MV 振动采收机（西班牙）
悬挂绳索式采摘装备	核桃、杏仁、李子、酸果、橄榄、苹果、桑葚等	采用曲柄连接机构产生激振力，三点悬挂安装在拖拉机后部，通过传动轴与拖拉机后输出轴连接，钢丝绳（长度可选）系在树枝或树干上进行采摘，其结构简单、装备成本低，对于小种植户来说更适用，但转场需要较长时间，效率低	 Cable 振动绳索机（法国）

（4）牵引式。牵引式装备如表 3-8 所示，指采收装置与拖拉机相对独立，拖拉机牵引采收装置进行采收的一种装备。采收装置一般置于拖拉机后侧，拖拉机提供牵引力来进行移动。

其优点是挂接方便、一般通过牵引架与采收装置单点铰接。在总体设计上不需考虑与拖拉机配置问题，采收装置自成体系，由动力装置、振动装置、收集装置、控制系统等部件组成，作业时只需将采收装置挂到拖拉机上，拖拉机提供行走动力。

其缺点是牵引式采收装备整机尺寸较大、转弯半径大、效率低。牵引式采收装备由拖拉机牵引采收装置，整机较长，不适合丘陵山地作业。对采收场地要求较大，首次采收需要对采收路段进行处理。一般至少需要两个人配合操作，作业行数多为单行，作业效率不高。

表 3-8　牵引式装备

名称	采摘（收）作物	特点	实物图
牵引平铺式采收装备	橄榄、柑橘类水果、李子、杏仁、开心果等	由拖拉机牵引或直接挂在振动头后面，均采用液压驱动，伞布有自动或手动展开可选，伞布收回后，传送带将收获的产品输送到脱叶机，然后排入箱子	CRA6000 振动采收机（意大利）
牵引半开式采收装备	李子、樱桃等	半开式倒伞收集结构，侧向采收，作业前果园应适当做好采收前准备，例如修枝、清理林地等，对于种植有一定要求，操作采收机需要 2~3 人，1 名拖拉机手和 1~2 名操作振动头的人员	GACEK 牵引式振动采收机（波兰）
牵引半弧式采收装备	水果、坚果类	采用半弧式收集布进行收集并带有清选功能，适用于规模化种植果园使用。采收能力 0.08~0.15 hm²/h，树干直径 80~300 mm，收集布宽度 3 250~7 050 mm 可选，平台承重 500 kg，需要拖拉机最小功率为 51 kW	MAJAAUTOMATIC-LK 牵引式振动采收机（波兰）
牵引式收集装备	橄榄、樱桃、李子、苹果、杏仁、核桃等	平铺收集布，需要人工将伞布拉出铺设在地面上进行收集，结构相对简单、成本低	GACEK 牵引式收集装备（波兰）
牵引式收集装备	苹果、桃子、李子、樱桃、杏仁、橄榄等	配有连续夹持振动头、斜面和转向校正系统，2 台接收机器交替工作，提高工作效率，通过可拆卸的挡板排出物料	M07 振动采收机（法国）

（5）自走式。自走式装备如表3-9所示，包括动力、行走、液压、振动、收集、操纵控制等系统，是一种自带动力系统的装备。该装备可完成"采—收—集"一体化作业，是一种集成化采摘（收）装备。

其优点是集成度高、作业效果好、机动性好、操作灵活，可在丘陵山地等相对复杂地形工作。自走式采收装备具备视频监控、液压驱动、无级变速行走等功能，集机电液一体化技术于一身。其发动机功率充足，作业效率高，行走方式可为轮式、履带式以及轮履结合方式，对林间作业有较好的适应性。

其缺点是利用率低、装备成本高。自走式装备功能强大、功率大、系统配置齐全导致造价较高。由于林果采收季节性强，每年只有一个月左右的采收期，造成利用率很低，投资回收期长。

表 3-9　自走式装备

名称	采摘（收）作物	特点	实物图
两件式采收装备	开心果、杨梅、樱桃、夏威夷果、橄榄等	收集装置装有1个收集板、1个主输送机和1个传输输送机，可选择45°或90°卸料。振动系统配有收集板和振动头。标准收集器配置料箱，用于将果实装入料箱，然后交给料箱承运人取走	 YELLOWDEVIL 振动采收机（意大利）
两件式采收装备	水果、坚果等	安装在自行拖车上，独立车轮高度调节，通过可拆卸的插板进行卸料，可安装多种振动头，收获高度低，拖拉机位于轨道中央易于操作，果实掉落到两侧收集装置中	 M06 振动采收机（法国）
跨式采收装备	葡萄、西梅、李子等	用于采收成行的浆果，配备了创新振动器，振动器下方带有尼龙滚刷或尼龙条，通过改变旋转重物产生不同的振动力，适应不同的浆果，对灌木的振动比标准的振动头更温和，确保了水果的质量，没有外部损伤；由液压控制，它的旋转速度可以调节，采摘通道可调，以适应不同的种植条件	 REDDEVIL4X4N 振动采收机（意大利）

（续表）

名称	采摘（收）作物	特点	实物图
侧装式采摘装备	杏、核桃等	有三轮、四轮或轮履可换可选，控制系统有3种配置，第一种将控制振动时间和能量，减少对树皮的损失，缩短振动时间，降低碳排放；第二种是在第一种的基础上，增加了传感器，可将振动采摘机直接定位到与树木相当的位置，操作员只需按下操纵杆上的按钮发出振动指令，机械就会完成剩下的工作，伸出振动头—夹持树体—振动—松开，然后移动到下一株树上；第三种是在第二种的基础上，增加了自动转向功能，智能化程度逐步提高	TreeShaker（荷兰）

2. 机械臂采摘式

机械臂采摘式主要包括果实梗夹持剪切装置、控制装置及手持杆，果实梗夹持剪切装置通过一连接装置与手持杆连接，果实梗夹持剪切装置与手持杆之间的距离可调（果实梗夹持剪切装置包括夹持部及剪切刀），剪切刀位于夹持部内，控制装置控制夹持部及剪切刀顺序动作，先对果实梗进行夹持后再剪切。张宏伟发明的实用新型专利技术通过一个手柄控制果实梗夹持剪切装置夹持和切断顺序动作，果实梗切断后，继续紧握手柄，仍然可以保持对果实梗的夹持，保持果实不掉落地上，结构简单，在采摘过程中对其枝叶无损伤。通过更换不同连接杆的长度，调节机械手工作范围，可以对不同高度的成串果实进行采摘。机械臂采摘重点在模仿人的劳动过程，像插秧机运秧爪、指甲式排种器等，平整地机械模仿水牛耕地等，机械臂采摘同样是这样的道理。先用图像识别系统识别哪个果实，哪个是树叶，然后看这个果实的成熟度合不合格，之后机械臂轻轻地捏住果实，采用剪刀剪掉果梗，或用高温直接烧断果梗，最后把果实放在收集筐中。从目前各地的试验来看，机械臂采摘式完全不能量产，而且作业速度比较慢，传感器反应灵敏度不够。还有对它路径的规划，如转弯半径之类都要提前规划好，推广起来还有难度。

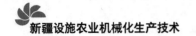

第四节　病虫害防治

过去，新疆地区对设施蔬菜病虫害的防控主要依靠化学用药方法，过度依赖农药，严重制约了新疆设施蔬菜的绿色健康发展。经过10多年的研究，新疆地区科研人员创新设施蔬菜病虫害防控关键技术，实现从"盲目施药"向"靶向用药"、绿色防控的根本转变。

一、绿色防控技术的研究

绿色防控是指以促进农作物安全生产，减少化学农药使用量为目标，采取生态控制、生物防治、物理防治等环境友好型措施来控制有害生物的行为。实施绿色防控是贯彻"公共植保"和"绿色植保"理念的重大举措，是发展现代农业、建设"资源节约、环境友好"两型农业，促进农业安全生产、农产品质量安全、农业生态安全和农业贸易安全的有效途径。

在绿色防控技术集成的研究中，有3种模式。一是以基地为主线的绿色防控技术模式，依托绿色农产品生产基地，以主要农产品和重要标靶病虫害为对象组装绿色防控技术。二是以作物为主线的绿色防控技术模式，以一种作物的不同生育期病虫害发生为害特点为依据来组装关键技术。三是以标靶有害生物为主线来组装绿色防控技术的模式。

目前绿色防控技术体系尚处于研究阶段，高效、适用、系统完善的绿色防控技术体系尚未形成，需要加大绿色防控技术集成创新力度，并大力推进绿色防控产品的研发。绿色防控效果系统评估体系也尚未形成，需要建立能够真实反映绿色防控的经济、社会和生态综合效益的科学系统的评估体系。各级农业农村部门加大绿色防控技术研发、集成、示范和推广力度，杀虫灯、性诱剂、赤眼蜂、白僵菌等病虫害绿色防控技术得到了大面积的推广应用，及时有效地控制了病虫为害，而且减少了化学农药用量，提高了农产品质量安全水平，探索出一条从源头转变病虫防治方式、减轻面源污染和农药残留、促进农业可持续发展的有效途径。

在绿色防控技术产品的研发中，主要开发理化诱控、驱害避害、生物多样性、生物防治、生物工程和生态工程技术产品。

1.理化诱控技术产品

开发了频振式诱虫灯、透射式诱虫灯等"光诱"产品，性诱剂诱捕和昆虫信息迷向等"性诱"产品，黄板、蓝板及色板与性诱结合的"色诱"产品，诱食剂诱集害虫的"食诱"产品，并通过实验研究组装集成了与以上"四诱"产品相配套的应用技术。

2.驱害避害技术产品

开发了防虫网、银灰膜、趋避植物等技术产品。如果园中常种植蒲公英、薄荷、大葱、花椒等驱虫作物；适期晚播、轮作，培育和移栽洁净种苗；育苗阶段育苗室通风口加装防虫网，棚室薄膜下加盖一层20～25目银灰色防虫网。

3.生物防治产品

开发了捕食螨、赤眼蜂、丽蚜小蜂等天敌的繁育和释放技术，稻鸭共育技术和青蛙、益鸟等天敌保护技术，以及真菌、细菌、病毒等微生物制剂防治病虫害技术。完善了天然除虫菊、苦参碱、印楝素等植物源农药，多抗霉素、春雷霉素等抗生素。

4.生物多样性技术

利用遗传多样性、品种间抗病性、植物间生育期的差异等因素，研发了水稻稻瘟病、小麦锈病的生物多样性控制技术。

5.生物工程技术

利用基因重组技术、转基因育种技术培育了大量转基因抗病虫的产品，在棉花和玉米上使用较广泛。

6.生态工程技术

主要通过农业防治技术，深耕灌水、深耕除草、清洁田园、保护地温湿度调节、休闲季深耕晒垡、太阳能高温高湿闷棚灭虫等技术改善生态环境，恶化病虫的生态环境，达到防治病虫的目的。

二、绿色防控技术在设施蔬菜上的应用

茄果类蔬菜和黄瓜，以蚜虫、斑潜蝇、粉虱类害虫、霜霉病、灰霉病、疫病、病毒病为防治对象，重点推广以诱杀、阻隔为基础，以棚室温、湿度调控为核心，以科学用药为重点，以生物防治为突破的绿色防控技术，设立诱杀板、防虫网，推广使用生物农药、植物源农药，同时辅之以健康栽培和烟雾机施药

技术。

洋葱、韭菜，主要防治对象为根蛆类和灰霉病，推广以施用腐熟肥料为基础，以糖醋液诱杀成虫为突破，以低毒化学农药、植物源农药灌根为重点的防控技术。

十字花科蔬菜，以小菜蛾、菜青虫、蚜虫以及霜霉病、黑腐病、软腐病为主要防治对象，推广以农业措施为基础，以性诱剂诱杀为前导，以科学用药为重点的绿色防控技术，因地制宜进行灯光诱杀、性诱剂诱杀、黄板诱杀。同时加大生物农药、植物源农药的推广应用，科学使用低毒化学农药。

三、机械化绿色防控技术

1. 自动喷洒系统

设施农业自动喷洒系统的数据技术配置需要根据具体的应用场景和需求设计，选择合适的传感器、控制器、执行器等设备，以实现高效、准确、节能的自动喷洒功能。同时，为了保证系统的稳定运行，还需要配置合适的通信模块、数据存储和分析设备、人机交互界面等。传感器用于监测环境参数，如温度、湿度、光照、土壤湿度等。这些传感器可以实时采集数据，为自动喷洒系统提供依据。控制器是自动喷洒系统的核心部件，负责处理传感器采集的数据，并根据预设的规则控制喷洒系统的工作。常见的控制器包括单片机控制器、PLC控制器、嵌入式控制器等。执行器负责执行控制器的指令，进行实际的喷洒操作。常见的执行器有电磁阀、气动阀门、电动泵等。系统可以配置数据存储设备，如 SD 卡、硬盘等，用于存储传感器采集的数据。这些数据可以用于后续的分析，如生成图表、分析趋势等。通信模块负责将传感器采集的数据传输给控制器，以及将控制器的指令传输给执行器。常见的通信方式包括有线通信（如 RS485、RS232）和无线通信（如 Wi-Fi、蓝牙、LoRa 等）。人机交互界面（如触摸屏、按键等）用于显示系统的工作状态，以及供操作人员设置系统参数和查看数据。电源模块为整个系统提供稳定的电源，一般采用蓄电池、太阳能、市电等方式供电。

2. 病虫害监测与预警系统

应用病虫害监测与预警系统首先要进行数据配置。包括设施蔬菜种植地点、品种、生长周期、生长条件等基本信息，以及病虫害的类型、发展过程、传播途径等详细数据，为分析和预测提供基础。配备传感器、图像采集装置等设备，实时监测环境因子（如温度、湿度、光照）和病虫害发生情况，将数据反馈至系统。将不同来源的数据进行整合，建立一套完善的数据处理和分析模型，对数据进行清洗、筛选和分析，提取有价值的信息。其次需应用规范。根据各种病虫害特点，结合历史数据分析，设定阈值和判定标准，确定触发预警所需的环境因子和指标变化范围。基于历史数据和算法，建立病虫害发生的预警模型，模型基于时间序列分析、回归分析或机器学习等方法，用以预测病虫害发展趋势和传播规律。设置有效的预警信息输出机制，及时将预警结果传递给操作者或决策者，并提供操作指导和控制建议。同时，可结合移动设备实现远程监控和报警功能。对预警系统的预测准确性和有效性进行定期评估，根据评估结果进行必要的调整和优化，保持系统的稳定运行。最后要注重系统管理与维护。定期检查和维护数据采集设备、传感器等硬件设施，确保设备正常工作和数据准确采集。采取合适的措施保护系统数据的安全性，防止未经授权的访问和使用，同时遵守相关隐私保护法规。提供系统操作培训，确保用户能正确操作和理解系统信息。同时，提供技术支持，协助解决使用中的问题。

3. 精准喷药装备

设施农业常见的精准喷药装备包括喷雾器、喷杆喷雾器、微灌系统、喷雾机器人等。喷雾器是最常见的精准喷药装备，适用于小面积的温室大棚。喷雾器通过压缩空气或者水泵将药液雾化，通过喷头均匀喷洒在蔬菜叶片表面。喷杆喷雾器适用于中等面积的温室大棚，喷杆可以实现远距离喷洒，提高喷药效率。应根据温室大棚的面积和蔬菜种植密度选择合适的喷杆喷雾器。按照药物说明书和蔬菜品种调整喷药量、浓度和覆盖范围。应用期间要检查和更换喷杆喷雾器，确保喷杆喷雾器的正常工作。微灌系统适用于大面积的温室大棚，通过微灌设备将药液均匀地输送到蔬菜根部，实现精准施药。喷雾机器人可以实现自动化喷药作业，适用于大面积的温室大棚。喷雾机器人可以搭载摄像头和传感器，实现对蔬菜病虫害的实时监测和精准喷药。

4. 智能化杀虫灯

设施农业智能化杀虫灯是利用昆虫趋光性原理，通过特定波长的光源吸引害虫，并通过高压电网或粘虫板将害虫捕捉杀灭的设备。智能化杀虫灯发出特定波长的光源，吸引害虫飞向光源。当害虫飞向光源时，会接触到高压电网或粘虫板，从而被捕捉杀灭。每亩设置量根据害虫种类、发生程度和蔬菜品种等因素而定。一般来说，每亩设置 2～3 盏杀虫灯即可满足防治需求。杀虫灯的设置高度以蔬菜植株高度的 70%～80% 为宜，这样可以有效吸引害虫并减少对蔬菜叶片的影响。一般在傍晚时分开启杀虫灯，此时害虫活动较为频繁。早晨日出前关闭杀虫灯，以避免误伤有益昆虫。关闭时间可适当调整，保证杀虫效果的同时还需减少对环境的影响。

第四章

设施农业智能化控制技术

设施农业智能化是将现代生物工程技术、农业工程技术、环境工程技术、信息技术和自动化技术应用于农业生产领域，根据动植物生长的最适宜生态条件在现代化设施农业内进行四季恒定的环境自动控制，使其不受气候条件的影响，生产呈自动化、标准化和智能化，农产品周年生产、均衡上市，实现生产高速度、高产出和高效益。

设施农业智能化包括设施工程、环境调控以及栽培、养殖技术等方面标准化、自动化、信息化，其核心是农业环境调控。

设施农业环境调控智能化是在一定的空间内，用不同功能的传感器探测头，准确采集设施内环境因子（光、热、水、气、肥）以及作物生育状况等参数，通过数字电路转换后传回计算机，并对数据进行统计分析和智能化处理后形成专家系统，根据作物生长所需最佳条件，由计算机智能系统发出指令，使有关系统、装置及设备有规律运作，将设施内温、光、水、肥、气等诸因素综合协调到最佳状态，确保一切生产活动科学、有序、规范、持续地进行。目前设施农业环境调控智能化研究已成为当今世界各国展示农业科技发展水平的重要标志。

第一节　设施农业智能控制系统的原理

设施农业温室智能控制系统的原理是基于物联网和传感器技术，通过采集和分析环境参数数据，实现对温室大棚内环境的实时监测和智能控制。其主要原理如下。

一、传感器数据采集

温室智能控制系统通过部署各种传感器，如温度传感器、湿度传感器、光照传感器和二氧化碳传感器等，实时采集温室内的环境参数数据。这些传感器将环境数据转化为电信号，并通过数据采集设备将其传输给数据处理系统。

二、数据处理和分析

数据处理系统接收传感器采集的数据，并进行处理和分析。系统利用智能算法和模型，对数据进行分析和推断，从而得出温室内环境的状态和变化趋势。例如，通过分析温度和湿度数据，系统能够判断温室内是否需要进行通风或加湿。

三、控制策略生成

根据农作物的需求和生长阶段，系统生成相应的控制策略。控制策略包括水肥的喷灌量、通风设备的开关、遮阳设备的调节等。策略的生成通常基于农作物的生长模型和环境参数的分析结果。

四、控制设备操作

控制策略生成后，系统将相应的指令发送给控制设备，实现对温室内环境的智能控制。例如，可以通过自动化控制系统控制水肥喷灌设备的开关和喷洒量，调节通风设备的开关和风量，以及调节遮阳设备的开合程度，以提供适宜的生长环境。

五、远程监控和控制

温室智能控制系统通常还具备远程监控和控制的功能，即可以通过手机、电脑等终端设备对温室内环境进行实时监测和控制。用户可以通过终端设备查看温室内的环境参数和实时图像，同时可以远程控制温室内的设备进行调整和操作。

六、数据存储和分析

温室智能控制系统通常还具备数据存储和分析功能，将采集的环境参数数据进行长期存储，并进行数据分析和挖掘。这些数据可以用于优化农作物的生长管理和决策制定，提高农作物的产量和质量。

温室智能控制系统通过传感器采集温室内的环境参数数据，通过数据处理和分析，生成相应的控制策略，并通过控制设备实现对温室内环境的智能控制。同时，系统还具备远程监控和控制、数据存储和分析等功能，为农作物的生长管理提供支持和便利。这样的智能控制系统能够提高农作物的生长质量和产量，节约资源和能源，提高生产效率和农业可持续发展水平。

第二节　温室智能控制系统的硬件设计

该系统由 STC89C52 单片机、4G 通信模块、射频芯片、温湿度传感器、光强传感器和二氧化碳含量传感器组成。主控单片机是控制系统的核心，负责所有的数据处理和控制，4G 通信模块负责将单片机处理的数据以无线方式发送到手机或计算机，并接收来自手机或计算机的命令。一方面用射频芯片接收传感器采集的数据，另一方面将采集到的数据发送到单片机。主要介绍以下 3 种。

一、DHT11 数字温湿度传感器

DHT11 数字温湿度传感器是一种温湿度复合传感器，其能够输出标定的数字信号。该传感器采用独特的数字模块采集技术和温湿度传感技术，以确保产品具有高可靠性和长期稳定性。该传感器由电阻式湿度传感器和 NTC 温度传感器组成，并与高性能的 8 位微控制器连接。因此，该产品具有优良的质量、超快的响应速度、强大的抗干扰能力、高性价比等优点。每个 DHT11 传感器都经过在非常精确的湿度校准实验室中进行校准。校准系数以程序的形式存储在 OTP 存储器中，并在传感器信号检测过程中调用这些校准系数。该传感器采用单线串行接口，方便快捷地进行系统集成。由于体积超小且功耗极低，所以在苛刻的应用中是最佳选择。该产品采用 4 针单排引脚包装，方便连接。由于温室的温湿度要求非常高，所以在选择温湿度传感器时，主要考虑以下两个方面。一方面是准确测量，因为温室温度和湿度过高或过低会导致作物损失甚至影响产量，所以必须准确地测量温湿度。另一方面是高可靠性，传感器在不同环境中都能正常工作。基于以上考虑，选择了数字温湿度传感器（DHT11）。该传感器由电阻式湿度传感器和 NTC 温度传感器组成，温度范围分别为 ±2℃和 -20～60℃，能够满足温室作物的温湿度要求。DHT11 的数据引脚可以直接连接到单片机的 IO 端口，用于数据传输。

二、光照传感器

光照强度对作物光合作用具有重要影响。光合作用积累有机物的速率随着光照强度的增大而加快，但光照强度超过临界值"光饱和点"后，该速率将不再加快而是保持在一定水平，当光照强度降低到某一水平后，作物的生长发育受到限制，需要人工补光操作提高光照强度，该水平上的光照强度称为"光补偿点"。光传感器是将照明转换为电信号的传感器，其输出以勒克斯（lx）为单位进行测量。大多数作物的最佳光照范围是 8 000～12 000 lx，通常采用遮阳措施和遮阳作业来确保作物在最佳光照范围内生长。人工光源用于人为地延长照明时间或增加照明来补充照明工作，遮阳网用于遮阳工作。

三、二氧化碳浓度传感器

植物的光合作用必须有二氧化碳的参与，普遍将二氧化碳称作植物的"食物"。大多数农作物的生长需要 0.1% 的二氧化碳浓度，而大气中只有 0.03% 的二氧化碳，无法满足作物所需理想浓度，这严重限制了农作物产量。因此，需要通过人工方法在设施农业温室大棚中补充二氧化碳。然而，过高的二氧化碳浓度同样会限制农作物的生长，因为其会导致叶表气孔关闭，减少光合作用的强度。二氧化碳传感器主要有以下几种。

1. 红外二氧化碳传感器

该传感器利用非色散红外（NDIR）原理来检测空气中是否存在二氧化碳，具有良好的选择性，不依赖氧气，广泛应用于存在易燃易爆气体的各种场合。

2. 催化式二氧化碳传感器

将现场检测到的二氧化碳浓度转换为标准的 $4\sim20\ mA$ 电流信号输出，广泛应用于石油、化工、冶金、炼油、输配气、生化医药和水处理等行业。

3. 热传导二氧化碳传感器

基于混合气体的总热导率随气体含量而变化的原理制成，由电桥的 2 个臂组成，电桥由检测元件和补偿元件组成。当遇到可燃气体时，检测元件的电阻减小，而当遇到二氧化碳气体时，检测元件的阻力增大（空气背景）。其输出电压变化，电压变量随着气体浓度的增加而成比例增加，补偿元件起到参考和温度补偿的作用。主要用于民用和工业场所的天然气、液化气、煤气和烷烃等可燃气体以及汽油、酒精、酮和苯等有机溶剂蒸气的浓度检测。

第三节　温室智能控制系统的软件设计

温室大棚智能控制系统的软件设计包括单片机控制程序设计、移动终端显示软件设计。农户可以通过物联网和计算机设备与智能温室及相关设备建立信息交互关系，相关传感器设备监测作物生长、环境变化等。信息以图片、文字或视频的形式传输到移动终端上，设备建立相关模型对数据变化进行分析，并根据分析结果自动调整风机、采暖、照明设备。通过改善室内环境，供应作物，提供最佳的生长环境。并且可以通过设备了解温室内农作物的生长情况，通过智能终端实时监控温室内的相关信息，高效管理温室大棚。

一、单片机控制程序设计

控制系统的工作原理是通过测量模块将测得的温度、湿度和二氧化碳浓度值发送到核心板上，并保存到特定的寄存器中。与预先设定的值比较，如果超过预定范围，就启动风机、遮阳棚、喷灌等设备，将其参数恢复到正常值范围。

单片机控制程序设计的流程图如图 4-1 所示。

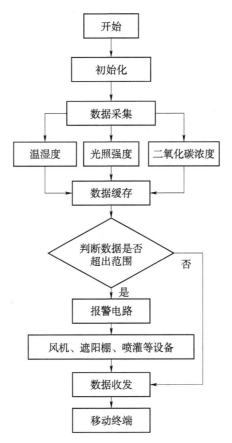

图 4-1　单片机控制程序设计的流程图

二、移动终端软件设计

移动终端软件设计主要向管理人员提供参数和下发控制指令，发射模块主要是把温湿度、光照强度、二氧化碳浓度打包上传到上位机，在云端可以检测到用户所得的数据。上位机方面，在上位机设置 App 的格式，利用手机软件即可在界面查看数据。控制部分可以利用手机 App 在云端控制相应装备，设计按钮触发控制继电器、电机和风机。在系统上有 1 个参数，是智能控制的一层保障，第二层就是用户的手机 App 控制，只要连上网，即可实现远端操控。

第四节　设施农业温室智能控制系统的功能

农业温室智能控制系统具有多种功能，可以提供全面的温室管理和自动化控制。以下是一些常见的功能。

一、环境监测

系统可以实时监测温室内的环境参数，如温度、湿度、光照强度和二氧化碳浓度等。通过传感器采集环境数据，并将其传输到数据处理系统进行分析和展示，农户可以随时了解温室内的环境状态。

二、智能控制

基于环境监测数据和农作物的需求，系统可以自动控制温室内的设备，如水肥喷灌系统、通风设备、遮阳设备等。系统根据预设的控制策略，自动调整设备的运行状态，以提供适宜的生长环境。

三、水肥管理

系统可以根据农作物的需求和生长阶段，智能调控水肥喷灌系统。根据监测的环境参数和土壤湿度等数据，系统可以自动控制水肥喷灌设备的开关和喷洒量，实现精准的水肥管理，减少资源浪费和环境污染。

四、通风调节

系统可以通过自动控制温室内的通风设备，实现温度和湿度的调节。根据环境监测数据和设定的控制策略，系统可以自动开启或关闭通风设备，调节温室内的气流和湿度，保持适宜的生长环境。

五、遮阳调节

系统可以通过自动控制遮阳设备，依据设定的阈值进行判断。当光照强度超过阈值时，系统会自动启动遮阳设备，降低温室内的光照强度，防止作物因过度照射而受到伤害。当光照强度低于阈值时，系统会自动关闭遮阳设备，提供足够的光照量，促进作物的生长。

六、光照控制

系统可以根据农作物的光照需求和外界光照条件，智能控制温室内的光照设备。通过自动调节光照设备的亮度和工作时间，系统可以提供适宜的光照条件，促进农作物的生长和发育。光照强度对作物光合作用具有重要影响。光合作用积累有机物的速率随着光照强度的增大而加快，但光照强度超过临界值"光饱和点"后，该速率将不再加快而是保持在一定水平，当光照强度降低到某一水平后，作物的生长发育受到限制，需要人工补光操作提高光照强度。该水平上的光照强度称为"光补偿点"。

七、病虫害监测

系统可以通过安装相应的传感器和监测装置，实时监测温室内的病虫害情况。通过检测病虫害的指标和预警系统，系统可以及时发现和报警，帮助农户采取相应的防治措施，保护农作物的健康。

八、数据分析和决策支持

系统可以对采集的环境参数数据进行存储、分析和挖掘。通过数据分析和建模，系统可以提供农作物生长环境的优化建议和决策支持，帮助农户作出更科学的决策，提高农作物的产量和质量。

九、远程监控和控制

系统通常具备远程监控和控制的功能，农户可以通过手机、电脑等终端设备，随时随地监测温室内的环境参数和设备运行状态，并进行远程控制和调整。

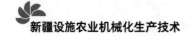

十、故障报警和维护管理

系统可以监测温室设备的运行状态，及时发现异常和故障，并通过报警系统提醒农户进行维护和修复。系统还可以记录设备的使用情况和维护记录，帮助农户进行设备管理和维护。数据记录和报告生成。系统能够记录温室内的环境参数数据，并生成相应的报告。农户可以根据这些报告了解温室内的环境变化和农作物的生长情况，为决策提供参考依据。

十一、节能和资源管理

系统可以通过智能控制和优化策略，实现温室内能源的高效利用和节能减排。例如，通过自动调节通风设备和遮阳设备，系统可以减少能源的消耗和浪费，并提高温室内的能源利用效率。温室大棚智能控制系统的应用可以提高农作物的产量和质量，减少资源和能源的浪费，提高生产效益。通过精准的水肥管理、环境调控和病虫害监测，系统可以提供最优化的生长环境，支持作物的健康生长和发展。

十二、多种模式选择

系统通常会提供多种模式选择，以适应不同的农作物和生长阶段。农户可以根据自己的需要选择不同的模式，系统会根据模式的设定调整环境参数和设备的运行。

十三、数据共享和分析

系统可以将采集的数据进行共享和分析，与其他农业智能化平台和系统进行数据交互。通过数据共享和分析，可以实现更广泛的农业资源整合和决策支持。

温室智能控制系统通过物联网、传感器、控制设备等技术的应用，可以实现对温室内环境的智能监测和控制。系统可以根据农作物的需求和环境变化，自动调节温室内的温度、湿度、光照等参数，提供最适宜的生长环境。通过智能化的管理和优化，系统可以提高农作物的产量和质量，减少资源和能源的浪费，实现农业的可持续智能化。温室大棚智能控制系统可以与其他农业智能化设备和平台进行集成，实现农业生产的全面智能化。系统的应用可以帮助农户提高生产效益，降低生产成本，提高农业的竞争力和可持续性，推动农业现代化和智能化的发展。

第五节　设施农业温室智能控制系统的应用前景

随着人口的增长和食品需求的增加，农业生产面临着越来越大的压力。智能控制系统的引入，能够提高农作物的生长效率和产量，减少资源的浪费和环境的污染。因此，农业温室大棚智能控制系统在现代农业中具有广阔的应用前景，其可以提供农作物的精准管理和优化，使农业生产更加智能化和高效化。此外，智能控制系统还能够减少人工操作的需要，降低劳动力成本，并且能够实现远程监控和控制，提升农户的生产管理能力。农业温室大棚智能控制系统具有广阔的应用前景，可以为农户提供更高效、智能化的温室管理解决方案，提升农业生产效益和可持续发展。以下是其应用前景的几个方面。

一、提高农作物产量和质量

智能控制系统可以根据农作物的生长需求，精确控制温室内的环境参数，包括温度、湿度、光照等。通过优化的环境调控，系统可以提供最适宜的生长条件，促进作物的健康生长和发育，提高产量和品质。

二、节约资源和能耗

智能控制系统可以通过精准的水肥管理、能源利用等措施，实现资源和能耗的节约。系统可以根据农作物的需求和生长阶段，调节水肥喷灌系统、灯光设备等，减少资源的浪费和能耗，提高资源利用效率和节能减排效果。

三、降低病虫害风险

智能控制系统可以实时监测和识别温室内的病虫害情况，提供预警和报警功能。通过及时采取措施，如调节温湿度、喷洒药剂等，系统可以降低病虫害的风险，保护作物的健康和安全。

四、减轻劳动强度

智能控制系统可以实现温室管理任务的自动化和智能化。例如，系统可以自动调控温室内的设备，如通风设备、遮阳设备、喷灌系统等，减轻农户的劳动强度。农户可以通过系统的远程控制和监测功能，随时随地对温室进行管理，提高工作效率。

五、支持可持续发展

智能控制系统可以有效地减少农业生产对环境的影响，实现对资源的节约和循环利用。系统可以减少农药和化肥的使用量，降低土壤和水源的污染风险，推动农业的可持续发展。

第五章

典型设施蔬菜机械化生产模式

第一节 日光温室茄果类机械化生产模式

一、模式概述

本技术模式适合日光温室番茄、茄子、椒类等茄果类蔬菜的机械化生产。通过调整种植方式，采用东西向长垄种植方式和"大垄距+宽沟窄垄"起垄方式，集成配套施底肥、旋耕、起垄、铺管/带、覆膜、移栽、运输等环节的机具，实现撒肥、耕整地、定植、田间管理、运输及残秧处理等环节机械化作业。本技术模式通过"设施—农机—农艺"的有效融合，突破现有设施结构限制难题，形成日光温室茄果类蔬菜关键生产环节机械化解决方案。应用本模式，中小型机具可以进出日光温室并顺畅开展作业，提高了生产效率，减轻了劳动强度，减少了用工量，提升了种植效益。

二、技术路线（图 5-1）

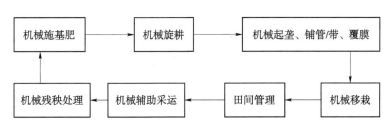

图 5-1　日光温室茄果类蔬菜机械化生产模式技术路线

三、关键环节技术要点

（一）基本要求

1. 日光温室宜机化条件

建议日光温室的跨度≥8.5 m，室内距前屋面底脚 1.0 m 处的骨架下沿高度应≥1.8 m，室内种植区无立柱等障碍物，落蔓固定拉绳高度应≥1.8 m；在保证结构强度、保温等功能不受影响的前提下，在前屋面东西两端靠近山墙位置，设置高度≥2.0 m、宽度≥1.8 m 的机具进出口。

2. 品种选择与育苗

优选专业化育苗场集约化培育的优质穴盘壮苗。移栽时秧苗高度在 10～18 cm，苗坨盘根好，不散坨。侧枝少、节间短、叶柄夹角小的品种更好。

（二）技术要点

1. 施底肥

（1）农艺要求。室内地块应平整，无明显障碍物，土壤含水率 15%～25%，有机肥含水率应≤40%。

（2）作业要点。使用撒肥机进行机械施底肥。撒肥机作业时，与操作机器无关者要远离撒肥机，撒肥区域内不能有旁观者，撒肥装置转动时严禁操作者接近转动装置。撒施颗粒肥料时，抛洒幅宽不应大于温室跨度，以免破损塑料棚膜；肥料撒施要均匀，变异系数应≤30%；撒肥量按照农艺种植要求及作物品种视情况确定，如番茄一般可亩施有机肥 2～4 t。

2. 旋耕

（1）农艺要求。土壤细碎、疏松，地表平整，土层上虚下实。

（2）作业要点。旋耕深度≥15 cm，耕深稳定性≥85%，碎土率≥80%。旋耕要不留死角，无漏耕。旋耕后土壤细碎松软，满足后续作业要求。

3. 起垄（作畦）、铺管/带、覆膜

（1）农艺要求。垄型应完整，垄沟回土、浮土少。垄体土壤上层细碎紧实，下层粗大松散。滴灌管/带铺放位置既要满足水肥灌溉需要，也要避开移栽机栽植位置，地膜覆土要严实。

（2）作业要点。采用东西向起垄方式。相邻两垄之间的中心距一般为 1.8 m，垄底宽 80 cm，垄顶宽 60 cm，垄沟宽 100 cm，垄高 15～20 cm（冬季取高值，夏季取低值）。8.5～10 m 跨度的日光温室，可起 4 条垄；10～12 m 跨度的日光温室内，可起 5 条垄。注意垄底宽、垄高等要与所用移栽机械相匹配。铺滴灌管/带、覆地膜作业应随起垄作业同时进行，确保机具作业顺畅（图 5-2 至图 5-4）。

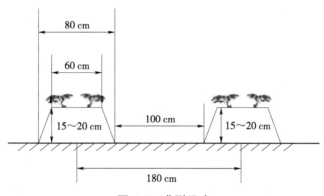

图 5-2　垄型尺寸

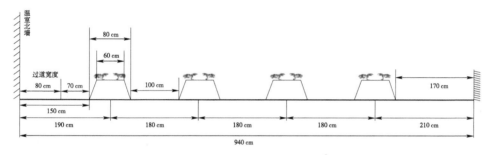

图 5-3　9.4 m 跨度日光温室垄型布局图示例

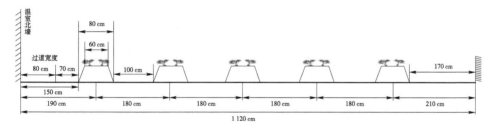

图 5-4　11.2 m 跨度日光温室垄型布局图示例

4. 移栽

（1）农艺要求。土壤表面要平整、土块细碎、无藤蔓等杂物。根据茄果类作物品种的要求确定合适的株距、行距，如番茄每亩定植 1 800～2 200 株，冬季宜稀植，夏季宜密植。

（2）作业要点。移栽机栽植合格率≥90%，株距合格率≥90%，定植深度以封掩时苗坨上表面低于地面 1 cm 以内为宜。移栽时秧苗高度在 15 cm 左右最佳。作业开始时，应先确认周围有无特殊状况；与辅助者共同作业时，要得到示意后再进行作业。去除没有落下的秧苗时，要在停止移栽机的旋转和栽插机构后进行。

5. 田间管理

（1）水肥管理。使用水肥一体化装备进行灌溉施肥，灌溉要均匀一致。

（2）植保。

①农艺要求：要选用高效、低毒、低残留的农药，并采用合理、高防效施药方法。施药时要匀速行进，搭接要严密，均匀施药，无重施、漏施。

②作业要求：选用适宜的植保打药机，满足机具行走及作业要求。液态农药的施液量误差率≤10%，常规喷雾的药液附着率≥33%（内吸剂除外），作物机械损伤率≤1%。作业时注意操作安全，并做好人身防护，防止产生人身意外伤害和危害。

6. 采收运输

采用收获辅助平台进行，果实人工采摘、机械运输。收获作业应减少植株损伤。收获后应及时补充水分及营养。

7. 残秧处理

（1）农艺要求。干、湿藤蔓、菜帮、菜叶应均能处理。粉碎要均匀，粉碎后可直接还田，或者与畜禽粪肥混合发酵后再还田。

（2）作业要点。可采用拖拉机配套灭茬/秸秆还田机，直接将残秧还田利用，根茬粉碎率≥70%。采用专用粉碎机进行定点集中粉碎前，应检查待粉碎的残秧中有无混入铁器、石块等杂物；粉碎过程中喂料口堵塞时，不能用手或铁棒帮助喂入。作业时如发生异常声响，应立即停机检查，禁止在机器运转时排除故障。

四、机具配套方案（表5-1）

表5-1　50亩种植面积日光温室茄果类蔬菜种植基地机具配置方案

序号	生产环节	机具名称	功能	主要技术要求	配置数量
1	施底肥	有机肥撒肥机	撒施商品有机肥	中小型自走式撒肥机，撒肥均匀	1台
2		颗粒肥撒肥机	撒施颗粒肥	中小型撒肥机，撒肥幅宽不宜超过温室跨度	1台
3	耕整地	拖拉机	悬挂作业机具	40马力以上	至少2台
4		灭茬机/旋耕机	可旋耕、灭茬	幅宽1.4 m以上	1台

（续表）

序号	生产环节	机具名称	功能	主要技术要求	配置数量
5	耕整地	起垄覆膜铺管一体机	起垄、覆膜、铺滴灌管/带	自走式或中小型悬挂式复式作业机具，一次进地可完成3道工序	1台
6	移栽	蔬菜移栽机	蔬菜秧苗栽植	中小型自走式或悬挂式移栽机，株行距、栽植深度可调	1台
7	灌溉施肥	固液混合施肥装备	灌溉施肥	日光温室全覆盖	1套
8	植保	喷雾/喷粉机	按需配置	中小型喷雾（喷粉）机，药液（粉剂）喷洒均匀	至少1台
9	采收运输	田园搬运机	物料搬运	中小型自走式运输车	至少2台
10	残秧处理	藤蔓粉碎机灭茬机/秸秆还田机	残株粉碎处理	固定式、移动式粉碎机或中小型拖拉机带灭茬还田机，粉碎均匀	1台

五、应用提示

机具进出日光温室作业时除机手外，至少应有1名作业人员引导，防止驾驶人或机具受到伤害。

在温室内作业前应对机手进行操作培训，避免作业时发生意外，造成人员和财产损失。

农艺—农机—日光温室要相互融合，确定农艺要求时要把便于机具在温室内的作业考虑在其中，降低作业难度、提高作业效率。

六、适宜区域

该模式适用于北方地区日光温室中的茄果类蔬菜生产，包括番茄、茄子、椒类等。日光温室应具备适宜农机装备进出和作业的条件。

七、典型案例

（一）北京泰华芦村种植专业合作社

基地占地面积2 000亩，设施农业种植面积1 200亩，建设了高标准的日光温室、连栋温室、冷库加工车间、集约化育苗温室、产品初加工厂房、检测室等配套设施。园区种植黄瓜、番茄、茄子、辣椒、樱桃等特色果蔬 20 余种。合作社应用机械撒施肥效率约 1.14 m³/min，是人工撒施效率的 50 倍以上；机械旋耕工作效率 1 500 m²/h，是传统微耕机的 8 倍左右；机械起垄、铺管、覆膜作业效率约为 860 m²/h，是人工效率的 15 倍左右；采用自走式移栽机进行单项作业，机具作业效率 420 m²/h，是人工移栽效率的 4 倍左右。通过使用设施机械化配套技术，提高了作业效率，缩短了工期，保证了农事进度，降低了劳动强度。采用该技术进行番茄机械化生产，每亩能降低作业成本 320 元以上，以建有 100 栋左右设施的规模园区为例，每年至少能节省 3 万元的种植成本，经济效益可观。

（二）辽宁省朝阳市北票市生产基地

从 2019 年开始先后在占地面积 500 亩的北票市科技示范园、占地面积 3 300 亩的东官营镇海丰现代农业产业园和占地面积 2 600 亩的台吉镇现代农业产业园进行"设施—农机—农艺"融合的日光温室蔬菜轻简化与机械化生产技术试验示范。连续 3 年开展的日光温室番茄、茄子、辣椒、黄瓜和角瓜等东西垄机械化生产模式试验示范取得显著效果。其中，日光温室番茄东西垄宜机化栽培，比南北垄栽培增产 4.93%，生产用工降低 23.6%、水肥投入减少 21.4% 以上，商品率提高 5.8%，机械化率达到 60% 以上。

（三）山东省东营市卓斐科技蔬菜生产全程化试验示范基地

基地总占地面积 770 亩，2021 年试验小番茄全程机械化种植模式 100 亩，节本增收效果显著，尤其是解决了农忙季节劳动力供给不足问题。其中，机械施肥效率约 60 t/h，是人工撒施效率的 50 倍以上；机械旋耕工作效率 2.25 亩/h，是传统微耕机的 8 倍左右；机械起垄、铺管、覆膜作业效率约为 1.29 亩/h，是人工效率的 15 倍左右；采用自走式移栽机进行单行移栽作业，效率为 0.63 亩/h，是人工移栽效率的 4 倍左右；采用乘坐式双行移栽机进行双行移栽作业，效率为 1.26 亩/h，是人工移栽效率的 8 倍左右。全程机械化全年累计节约人工费用 10.7 万元。

第二节 塑料大棚茄果类蔬菜机械化生产模式

一、模式概述

针对 8 m 及以上跨度塑料大棚（包括连栋塑料大棚）番茄、辣椒、茄子等茄果类蔬菜种植，采用宽沟窄垄（畦）种植模式，方便机械作业和生产管理。围绕育苗、施基肥、旋耕、起垄铺管覆膜、移栽、水肥及温光管理、植保、收获搬运等环节进行机具集成配套作业，基本实现茄果类蔬菜生产全程机械化。应用本模式，可以减轻劳动强度、提高生产效率、提升种植效益和机械化水平。本技术模式提供了塑料大棚茄果类蔬菜机械化生产的基本方案。

二、技术路线（图 5-5）

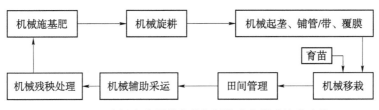

图 5-5 日光温室茄果类蔬菜机械化生产模式技术路线

三、关键环节技术要点

1. 施底肥

（1）农艺要求。棚内地块应平整，无明显障碍物，土壤含水率 15%～25%，有机肥含水率应≤40%。

（2）作业要点。使用撒肥机进行机械施底肥。撒肥机作业时，与操作机器无关者要远离撒肥机，撒肥区域内不能有旁观者，撒肥装置转动时严禁操作者接近转动装置。撒施颗粒肥料时，抛撒幅宽不应大于棚体跨度，以免破损塑料棚膜；肥料撒施要均匀，变异系数应≤30%；撒肥量按照农艺种植要求及作物品种视情况确定。

2. 旋耕

（1）农艺要求。土壤细碎、疏松，地表平整，土层上虚下实。

（2）作业要点。旋耕深度≥15 cm，耕深稳定性≥85%，碎土率≥80%。旋耕要不留死角，无漏耕。旋耕后土壤细碎松软，满足后续作业要求。

3. **起垄（作畦）、铺管/带、覆膜**

（1）农艺要求。垄型应完整，垄沟回土、浮土少。垄体土壤上层细碎紧实，下层粗大松散。滴灌管/带铺放位置既要满足水肥灌溉需要，也要避开移栽机栽植位置，地膜覆土要严实。

（2）作业要点。相邻两垄之间的中心距一般1.8 m，垄底宽80 cm，垄顶宽60 cm，垄沟宽100 cm，垄高15～20 cm。注意垄底宽、垄高等要与所用移栽机械相匹配。铺滴灌管/带、覆地膜作业应随起垄作业同时进行，确保机具作业顺畅（图5-6）。

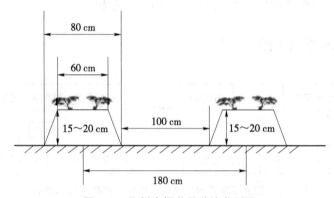

图5-6　塑料大棚茄果种植垄型图

4. **育苗**

一般采用72孔的育苗穴盘，一穴一粒，合格率≥90%。要求苗齐苗壮、钵体完整、适时移栽。

5. **移栽**

（1）农艺要求。土壤表面要平整、土块细碎、无藤蔓等杂物。根据茄果类作物品种的要求确定合适的株距、行距，如番茄每亩定植2 400～2 500株。

（2）作业要点。移栽机栽植合格率≥90%，株距合格率≥90%，定植深度以封掩时苗坨上表面低于地面1 cm以内为宜。移栽时秧苗高度在15 cm左右最佳。

6. **田间管理**

（1）水肥管理。使用水肥一体化装备进行灌溉施肥，灌溉要均匀一致。

（2）植保。

①农艺要求：要选用高效、低毒、低残留的农药，并采用合理、高防效施药方法。施药时要匀速行走，搭接要严密，均匀施药，无重施、漏施。

②作业要点：选用适宜的植保打药机，满足机具行走及作业要求。液态农药的施液量误差率≤10%，常规喷雾的药液附着率≥33%（内吸剂除外），作物机械损伤率≤1%。作业时注意操作安全并做好人身防护，防止产生人身意外伤害和危害。

7. 采收运输

采用收获辅助平台进行，果实人工采摘、机械运输。收获作业应减少植株损伤。收获后应及时补充水分及营养。

8. 残秧处理

（1）农艺要求。干、湿藤蔓、菜帮、菜叶应均能处理。粉碎要均匀，粉碎后可直接还田，或者与畜禽粪肥混合发酵后再还田。

（2）作业要点。可采用拖拉机配套灭茬/秸秆还田机，直接将残秧还田利用，根茬粉碎率≥70%。采用专用粉碎机进行定点集中粉碎前，应检查待粉碎的残秧中有无混入铁器、石块等杂物；粉碎过程中喂料口堵塞时，不能用手或铁棒帮助喂入。作业时如发生异常声响，应立即停机检查，禁止在机器运转时排除故障。

四、机具配套方案（表 5-2）

表 5-2　50 亩种植面积塑料大棚茄果类蔬菜种植基地机具基本配置方案

序号	生产环节	机具名称	功能	主要技术要求	配置数量
1	施底肥	有机肥撒肥机	撒施商品有机肥	中小型自走式撒肥机，撒肥均匀	1 台
2		颗粒肥撒肥机	撒施颗粒肥	中小型撒肥机，撒肥幅宽不宜超过棚体跨度	1 台
3	耕整地	拖拉机	悬挂作业机具	40 马力以上	至少 2 台
4		灭茬旋耕机	可旋耕、灭茬	幅宽 1.4 m 以上	1 台
5		起垄覆膜铺管一体机	起垄、覆膜、铺滴灌管/带	自走式或中小型悬挂式复式作业机具，一次进地可完成 3 道工序	1 台

（续表）

序号	生产环节	机具名称	功能	主要技术要求	配置数量
6	种植	育苗播种机	穴盘播种	一般用 72 孔的育苗穴盘，1 穴 1 粒，合格率≥90%	1 套
7		蔬菜移栽机	蔬菜秧苗栽植	中小型自走式或悬挂式移栽机，株行距、栽植深度可调	1 台
8	管理	植保机械	按需配置	中小型喷药机，药液喷洒均匀	1 台
9		水肥一体化设备	灌溉施肥	塑料大棚全覆盖	1 套
10	采收运输	田园搬运机	辅助采摘及搬运	中小型自走式	至少 2 台
11	残秧处理	藤蔓粉碎机（或粉碎收集机）	藤蔓粉碎处理	固定式、移动式粉碎机或中小型拖拉机带旋耕粉碎机，粉碎均匀	1 台

五、应用提示

大棚应具备宜机化作业条件。大棚跨度不小于 8 m，脊高不小于 3.2 m，肩高不小于 1.8 m，端门宽度和高度都不小于 2 m，棚内不应有妨碍机械通行的固定装置。

机具进出大棚作业时除机手外，至少要有 1 名作业人员引导，防止驾驶人或机具受到伤害。

作业前应对机手进行操作培训，避免作业时在调头等环节发生意外，造成财产等损失。

农机农艺要相向融合，考虑农艺要求时要把便于机具作业考虑在其中，降低作业难度、提高作业效率。

六、适宜区域

该模式适合塑料大棚番茄、黄瓜、辣椒、茄子等茄果类蔬菜种植区域。单体塑料大棚跨度要求 8 m 及以上。连栋塑料大棚、日光温室种植也可借鉴。

七、典型案例

山东省东营市卓斐科技蔬菜生产全程化试验示范基地，位于山东省东营市东营区牛庄镇魏家村，是卓斐（东营）农业科技研究院有限公司联合农业农村部南京农业机械化研究所、东营市农机推广总站等单位建立的蔬菜机械化研推用一体化模式示范点。基地占地面积 770 亩，分为设施和露地种植两个区域。设施类型以大跨度塑料大棚和日光温室为主，种植番茄、辣椒、甘蓝等蔬菜。2021 年，在 15 m 跨度塑料大棚内应用小番茄全程机械化种植模式 100 亩，施基肥、耕整地、铺管覆膜、移栽、水肥管理、保温被卷放、棚内运输等环节都实现了机械化。累计节约人工费用 10.7 万元，节本增收效果显著，尤其是解决了农忙季节劳动力供给不足问题。

第三节　塑料大棚直播类绿叶菜全程机械化生产模式

一、模式概述

该模式是在通过对不同宽度、不同跨度的设施大棚进行不同型号机具的综合比对、试验示范的基础上，对跨度 8 m 宽设施绿叶菜种植统一为 1.1 m × 5 垄的作畦（起垄）模式，采用机械化直播和一次性切割收获的方式，围绕绿叶菜生产全过程进行机械装备选型配套，可在长三角地区实现鸡毛菜、茼蒿、空心菜、菠菜等绿叶菜全程机械化生产。通过应用该模式，在以上海及苏南为代表的设施绿叶菜产区，实现了机械化净园、精细化耕整地、精量化播种、智能化管理、机械化收获、机械化废弃物处理等，节省了劳动力，降低了劳动强度，提高了生产效率、蔬菜产量和生产效益，减少了用种量和农药、化肥施用量，促进了地力保护和生态友好。

二、技术路线（图 5-7）

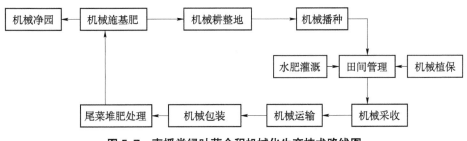

图 5-7　直播类绿叶菜全程机械化生产技术路线图

三、关键环节技术要点

1. 净园

（1）农艺要求。茎秆粉碎长度应≤5 cm，作业后地表无明显杂草、前茬蔬菜残体、地膜及其他杂物。

（2）作业要点。使用灭茬机对园地进行机械化净园。作业后，粉碎长度合格率要≥85%，当作物根茬处理质量不高时，可以作业2遍。

2. 撒施基肥

（1）农艺要求。土壤耕作前，撒施均匀商品有机肥和三元复合肥基肥，施肥量根据种植作物目标产量、土壤肥力和前茬作物情况综合确定；土壤深翻作业后，有机肥施用量应增加50%以上。

（2）作业要点。采用撒肥机撒施基肥，撒肥机有拖拉机悬挂式撒肥机、自走式撒肥机。撒施颗粒有机肥时，注意作业幅宽不可大于8 m，以免损坏棚膜；作业时，从大棚的一侧开始，以保证施肥均匀。

3. 耕整地

（1）农艺要求。土壤盐渍严重时，要深耕35 cm以上；每茬蔬菜播种前或深耕后，进行旋耕作业或旋耕整地，耕深15 cm以上，耕后土壤细碎，地表平整；旋耕后，起垄作畦，垄距150 cm，垄（畦）面宽为110 cm，垄高15～20 cm，沟底宽30 cm（图5-8），要求土碎垄平、沟清沟直。耕作时，无漏耕，尽量避免重耕。

（2）作业要点。动力一般选用适合棚内作业的拖拉机；深耕作采用铧犁、圆盘犁灭茬犁等；旋耕采用旋耕机。田间作业时，土壤含水率≤30%为宜。

作畦机采用悬挂式作畦机或手扶式作畦机。作业时，按照设计行走路线，依次作业，保持直线行走。畦面应平整笔直，畦与畦之间垄沟宽度一致，无相互干涉而导致畦面坍塌。

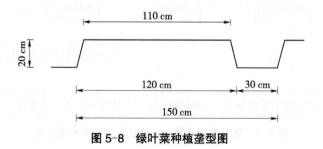

图5-8 绿叶菜种植垄型图

4. 直播

（1）农艺要求。选择适宜的高产优质品种，适时播种；亩用种量分别为：鸡毛菜 1 500～2 000 g，苋菜 1 500～3 500 g，茼蒿 1 500～2 500 g，菜心 1 00～400 g，青菜 200～300 g，菠菜 2 500～4 000 g（不带刺的表面光滑的圆球状种子）；播种应均匀，不重播、不漏播。

（2）作业要点。选用行距、穴距可调的悬挂式或手扶式蔬菜播种机。播种幅宽 105 cm。种子直接播在畦面地表，无须覆土，播后适当镇压。在保证播量、播深和行距的前提下，播种应连续作业，尽量避免中途停车，导致断种及堆种。

5. 水肥田间管理

根据绿叶菜农艺种植要求，宜采用水肥一体化灌溉方式进行水肥管理。播种后，应及时喷水，确保土壤充分湿润，即看到沟内有明显积水时可停止喷水。夏季直播绿叶菜播种后，应在畦面覆盖遮阳网后再进行喷水，绿叶菜总体出苗 70% 后及时揭除遮阳网。

6. 病虫害防治

（1）农艺要求。病虫害主要有菜青虫、小菜蛾、夜蛾、蚜虫、跳甲、病毒病、霜霉病等。根据病虫害情况，合理选择农业防治、物理防治或化学防治技术。

（2）病虫害防治原则。在生产期间做好各阶段病虫的预测预报与田间调查工作。绿叶菜：生长期较短，一般不会出现虫害，若有虫害则以预防为主、综合防治。应优先采用农业防治、物理防治、生物防治等绿色防控技术，必要时应采用化学防治。

（3）作业要点。

①农业防治：合理安排轮作，清洁田园，选用抗病品种，培育壮苗。

②物理防治：采用彩色粘虫板、诱捕器、杀虫灯等杀虫，覆盖防虫网防虫。对夜蛾类害虫可用杀虫灯或诱捕器＋性诱剂及网室覆盖防治，跳甲可采用黄条跳甲性诱剂＋黄板进行防治。

③化学防控：若必须使用农药时，禁止采购国家"三证"（农药登记证、生产许可证或生产批准证、执行标准号）不全的农药。农药应科学合理使用，严格掌握安全使用间隔期，使用后及时进行田间档案记录。

化学防治时，采用方便进出设施大棚的植保机械，可采用喷杆式植保车（喷杆可折叠）、自走式动力喷雾机等。要求雾化好，喷雾均匀，不漏喷重喷；确保植保机械轮距与作畦后垄距相适应。

7. 采收和运输

（1）农艺要求。

①鸡毛菜：根据市场需要和鸡毛菜生长情况适时采收，植株在3叶1心时即可采收，播种在4—7月和9—11月的，植株达到3叶1心时一般苗龄为18 d，割茬高度根据鸡毛菜品种不同为2.5～5.5 cm。

②米苋：米苋播种后苗龄45 d左右即可第一次采收，以后根据生长情况再收割1～3次。第一次采收割茬高度一般在5～8 cm，后茬收割比前茬割茬高度略高3～5 cm。

③茼蒿：春节前后播种茼蒿苗龄50 d左右即可采收，秋季播种的苗龄在30 d即可采收。采收割茬高度一般在5～8 cm。

④菠菜：菠菜播种后苗龄一般50 d左右即可采收，土下切根后人工二次整理。

（2）作业要求。根据绿叶菜种类选择土上或土下切割收获机，收获机作业幅宽120 cm，垄沟行走时轮间距为140～150 cm。割茬高度可调整。

采收后，放入蔬菜周转箱内。然后通过轮式搬运车或者履带式搬运车运输到整理车间。

8. 分拣包装

（1）技术要求。去除枯叶、老叶、断叶，剔除有病虫斑的植株，称重包装上市。

（2）作业要点。分拣过程中，去除枯叶、老叶、断叶，剔除有病虫斑的植株。然后根据销售要求，采用包装机进行包装，再运送至销售点保鲜、贮存、销售。

9. 尾菜处理

分拣后的尾菜通过粉碎机粉碎后，进行压榨和脱水。固体部分添加菌剂好氧发酵制成有机肥后还田，液体部分通过沉淀进行循环发酵，形成水肥后还田。

四、机具配套方案（表 5-3）

表 5-3 100 亩塑料大棚绿叶菜种植基地机具配置方案

序号	生产环节	机具名称	功能	技术参数与特征	数量（台）	备注
1	净园	灭茬旋耕机	机械旋耕和灭茬	作业幅宽≥1.3 m	1	必备
2	撒施基肥	有机肥撒肥机	机械撒施有机肥	有效撒施幅宽 4～6 m，中小型撒肥机	1	可选
3		颗粒肥撒肥机	机械撒施尿素、复合肥	有效撒施幅宽 4～6 m，中小型撒肥机	1	必备
4	耕整地	拖拉机	提供动力，悬挂机具	中小型动力机	2	44.4 kW 及以上拖拉机至少 1 台
5		深耕机	深耕深松	耕深≥35 cm，耕幅≥1.1 m 深耕机	1	必备
6		旋耕机	常规耕地	耕深≥15 cm	1	必备
7		作畦机	起垄作畦一次成型	畦面宽 1.1 m，中小型作畦机	1	自走式或悬挂式
8	播种	播种机	精量播种	不同蔬菜配置不同播种轮，悬挂式或手扶式播种机	1	必备
9	肥水田间管理	肥水一体化喷淋装置	灌溉、施肥	大棚全覆盖	1 套	必备
10	病虫害防治	喷雾/喷粉机	药剂喷施	有效喷幅≤8 m、轮间距 1.45～1.5 m	1	必备
11	采收	叶菜收获机	叶菜收获	按需选择土上或土下切根收获机型。割幅 1.2 m 以上，沟内行走机型，轮距为 140～150 cm	土上、土下各 1 台	必备
12						
13	田间运输	搬运车	棚内搬运	轮式或履带式	1	必备
14	包装	蔬菜包装流水线	包装	≥15 包/min 袋式或托盘式包装装备	1～2 套	至少 1 套
15	尾菜处理	废弃物处理流水线	尾菜处理	日处理量≥4 000 kg/d，固液分离，含粉碎装置	1 套	可选

五、应用提示

适用塑料大棚宽度为 8 m 的单体棚，大棚长度建议≥60 m，具有遮阳网、防虫网、水肥一体化灌溉等配套设施，以满足绿叶菜全程机械化生产。

该模式土地利用率达 69%，是中小规模绿叶菜全程机械化生产的优选模式。

六、适宜区域

塑料大棚直播类绿叶菜全程机械化生产适于长三角地区推广应用。长三角地区有常年消费绿叶菜的饮食习惯，市场需求稳定；劳动力成本较高；夏季高温多雨，冬季偶有霜冻，温度一般在 0℃ 以上；沿海沿江为沙性土壤，太湖流域及丘陵地带多为黏性土壤。鸡毛菜、米苋、茼蒿、菜心、青菜、菠菜等直播类绿叶菜广泛种植于塑料大棚内，塑料大棚冬季保温、夏季防雨，可为绿叶菜提供舒适而稳定的生长环境。

七、典型案例

（一）上海清美集团张家桥蔬菜生产基地

该模式已经在上海全域推广应用，以上海清美集团张家桥蔬菜生产基地为例，机械化采收可以实现单机采收 10 亩 /d，单人劳动生产率是传统产业模式的 25 倍。在传统蔬菜采收模式下，1 亩地通常需要 5～6 人采收一整天，通过机械采收作业，同样的采收量，1 h 即可完成。同时由于全程机械化收割的产品均为净菜，不沾泥土，也有效避免了人工多次抓握，可减少蔬菜的二次污染，提高产品品质的可控性。收割后的残留物，可以留在园艺场，成为土壤的有机肥料，继续支持生产。

（二）江苏张家港市善港生态农业科技有限公司

该公司蔬菜面积 290 亩，小青菜、鸡毛菜、茼蒿等是主要品类。该公司集成叶菜类蔬菜耕整地、播种、植保、收获、田间运输、分拣包装、尾菜无害化处理等环节机械化技术、机具配置模式和相关作业规范，绿叶菜生产综合机械化水平超过 75%。绿叶菜生产主要环节作业成本由 585 元 / 亩降为 281.4 元 / 亩，节约生产成本 303.6 元 / 亩，节本增效显著。

第四节　连栋大棚直播类绿叶菜全程机械化生产模式

一、模式概述

该模式利用连栋塑料大棚环境可控、空间利于机械作业的优势，对绿叶菜采用机械化直播和一次性切割收获的方式，围绕整地、精量播种、田间管理、收获、净园环节进行机械装备选型配套，可在长三角地区实现鸡毛菜、茼蒿、空心菜、菠菜等绿叶菜全程机械化生产。通过应用该模式，在以上海及苏南为代表的设施绿叶菜产区，实现了精细化整地、精量化播种、轻简化管理、机械化收获、无害化净园，在大幅提高劳动生产率的同时，也提升了绿叶菜产品品质，促进了蔬菜稳产保供。

二、技术路线（图 5-9）

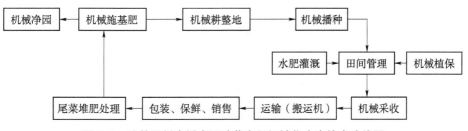

图 5-9　连栋塑料直播类绿叶菜全程机械化生产技术路线图

三、关键环节技术要点

1.净园

（1）农艺要求。地表无明显杂草、前茬蔬菜残体、地膜及其他杂物。

（2）作业方式。使用悬挂式灭茬机对前茬蔬菜残体进行灭茬粉碎与土壤混合，茎秆粉碎长度≤8 cm，埋茬深度≥20 cm。

2.施基肥

（1）农艺要求。耕整地前均匀撒施商品有机肥和三元复合肥。每亩撒施有机肥约 1 000 kg，每年撒施 1 次；每亩施三元复合肥（N∶P∶K=25∶8∶12）10～15 kg，根据土壤肥力进行适当增减。

（2）作业要点。选择牵引式或自走式有机肥撒施机、复合肥撒施机。作业时，根据农艺要求和设施宽度调节撒肥量和幅宽，避免重施、漏施，确保施肥均匀。

3. 耕整地

（1）农艺要求。每年深翻（松）1～2 次，耕深≥40 cm。深翻后应晒田 5～7 d，然后旋耕、起垄（作畦），要求土碎垄平、沟清沟直。旋耕深度≥15 cm，碎土率≥90%，垄（畦）顶面平整度≤2 cm，土壤紧实度（5 cm）300～500 kpa。

（2）作业要点。在土壤含水率 20% 左右时可进行耕整地作业。深翻（松）作业可选择铧式犁、回转犁式深翻机或振动式深松机，起垄作业可选择悬挂式起垄机。起垄作业前，调节起垄宽度、高度和沟宽。要求垄距 150 cm，垄面宽 110 cm，沟底宽 30 cm，垄高 15～20 cm（图 5-10）。

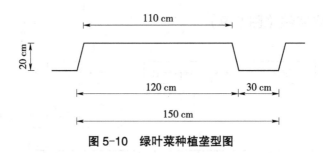

图 5-10　绿叶菜种植垄型图

4. 播种

（1）品种选择。选择适于当地栽培、抗逆性强、适应性广、有市场需求的优质高产品种。贴地切割收获的蔬菜如鸡毛菜应选择下胚轴较长、产量较高的品种。

（2）农艺要求。均匀条播，播量可调，播后适当镇压。夏季播种后应及时覆盖黑色遮阳网。几种典型绿叶菜的每亩播种量建议如下：鸡毛菜 1 500～2 000 g，苋菜 1 500～3 500 g，茼蒿 1 500～2 500 g，菠菜 2 500～4 000 g（不带刺的表面光滑的圆球状种子）。

（3）作业要点。可使用牵引式或自走式精密蔬菜播种机进行条播。种子应进行分选处理。播幅 110 cm，播量、播深、行距满足农艺要求，无重播和漏播，行间均匀性变异系数满足农艺要求。使用手扶式播种机时，机手应避免在垄面上行走。

5. 田间管理

（1）水肥管理。播种后浇透水1次，以后每隔3～6 d视土壤墒情及时均匀浇水。视绿叶菜长势，必要时可采用水肥一体化方式追施高氮水溶肥（N∶P∶K=32∶10∶10），每亩施用3～5 kg。采收前3～5 d不再进行浇水，以降低田间湿度。注意夏季浇水应在早晚进行，选择8时以前和16时以后。

（2）温湿度管理。

①温度管理：主要通过开闭通风口或遮阳网来进行温度调节。室内气温高于25℃时要注意及时通风降温。

②湿度管理：空气相对湿度应控制在70%～80%。可通过喷滴灌设备增加温室内的湿度，通过开风口的方式除湿。

（3）病虫害防治。

①病虫害防治原则：在生产期间做好各阶段病虫的预测预报与田间调查工作。绿叶菜生长期较短，一般不会出现虫害，若有虫害则以预防为主、综合防治。应优先采用农业防治、物理防治、生物防治等绿色防控技术，必要时应采用化学防治。

②农业防治：合理安排轮作，清洁田园，选用抗病品种，培育壮苗。

③物理防治：可采用彩色粘虫板、诱捕器、杀虫灯等杀虫；覆盖防虫网防虫。如夜蛾类害虫可用杀虫灯或诱捕器＋性诱剂及网室覆盖防治，跳甲可采用黄条跳甲性诱剂＋黄板进行防治。

④化学防控：若必须使用农药时，禁止采购国家"三证"（农药登记证、生产许可证或生产批准证、执行标准号）不全的农药。农药应科学合理使用，严格掌握安全使用间隔期，使用后及时进行田间档案记录。

化学防治时，采用方便进出设施大棚的植保机器，可采用喷杆式植保车（喷杆可折叠）、自走式动力喷雾机等进行。要求雾化好，喷雾均匀，不漏喷重喷。植保机械轮距与作畦后垄距相适应。

6. 收获

（1）农艺要求。

①鸡毛菜：根据市场需要和鸡毛菜生长情况适时采收，植株在3叶1心时

即可采收，播种在 4—7 月和 9—11 月的，植株达到 3 叶 1 心时一般苗龄为 18 d，割茬高度根据鸡毛菜品种不同为 2.5～5.5 cm。

②米苋：米苋播种后苗龄 45 d 左右即可第一次采收，以后根据生长情况再收割 1～3 次。第一次采收割茬高度一般在 5～8 cm，后茬收割比前茬割茬高度略高 3～5 cm。

③茼蒿：春节前后播种茼蒿苗龄 50 d 左右即可采收，秋季播种的苗龄在 30 d 即可采收。采收割茬高度一般在 5～8 cm。

④菠菜：菠菜播种后苗龄一般 50 d 左右即可采收，土下切根后人工二次整理。

（2）作业要点。根据绿叶菜种类选择土上或土下切割收获机，收获机作业幅宽 120 cm，垄沟行走时轮间距为 140～150 cm。割茬高度可调整。

7. 运输

采收后可使用自走式搬运机，运输到分拣包装车间进行分拣包装作业。

8. 包装

分拣过程中，去除枯叶、老叶、断叶，剔除有病虫斑的植株。然后根据销售要求，称重后采用包装机进行包装，再运送至销售点保鲜、贮存、销售。

9. 尾菜处理

病菜、烂菜可使用无害化处理设备进行堆肥处理，然后机械撒施还田。

四、机具配套方案（表 5-4）

表 5-4 100 亩绿叶菜种植基地机具配置方案

序号	生产环节	机具名称	功能	技术参数与特征	数量	备注
1	净园	灭茬旋耕机	可旋耕、灭茬	作业幅宽 1.5 m 以上	1 台	必备
2	施基肥	颗粒肥撒施机	撒施颗粒或流动性好的粉状肥料	撒施幅宽 4 m 以上	1 台	可选
3		有机肥撒施机	撒施有机肥或厩肥	撒施幅宽 4 m 以上	1 台	必备
4	耕整地	拖拉机	悬挂作业机具	50 马力以上，低地隙，四轮驱动或橡胶履带式	1 台	必备
5		拖拉机	悬挂作业机具	50 马力以上，四驱，前后轮距均 1.5 m	1 台	可选

（续表）

序号	生产环节	机具名称	功能	技术参数与特征	数量	备注
6	耕整地	旋耕机	旋耕碎土	作业幅宽 1.5 m 以上	1 台	必备
7		起垄机	起垄、作畦	作业幅宽 1.5 m 以上	1 台	必备
8		深翻机	土壤深翻	耕翻深度 40 cm 以上	1 台	必备
9		深松机	土壤深松	深松深度 50 cm 以上	1 台	可选
10	播种	蔬菜直播机	精密条播作业	不同蔬菜配置不同播种轮	1 台	必备
11	灌溉	喷滴灌设备	水肥一体化灌溉	设施大棚全覆盖	1 套	必备
12	植保	自走式动力喷雾机	药剂喷施	按需选择担架式或喷杆式机动喷雾机	1 台	必备
13	采收	叶菜收获机	叶菜收获	按需选择土上或土下切根收获机型。割幅 1.2 m 以上，沟内行走机型轮距为 140～150 cm	1 套	必备
14	运输	田园搬运机	搬运	自走式	1 台	必备
15	加工处理	包装机	包装加工	按需配置	1 台	可选
16		尾菜处理设备	尾菜处理	按需配置	1 台	可选

五、应用提示

必须具备设施宜机化条件。推荐采用跨度为 8 m 的连栋塑料大棚，机具作业方向长度 50 m 以上。遮阳网、防虫网、水肥一体化灌溉等设施条件满足绿叶菜生长要求。连栋大棚檐高不小于 3 m，棚门宽度和高度以及棚内横档高度不小于 2 m，棚内立柱基础上平面应低于地表 15 cm。如果机具在棚内调头，棚内两端须各设置 3 m 宽的机耕道。如果机具在棚外调头，棚门须可以完全打开，方便机械进出。棚外道路应满足机具调头要求，棚内外地面高差不大于 10 cm。

必须具有良好的耕地质量。选择土壤疏松、肥力中上等、排灌方便的地块种植。作业地块地表应尽可能平整，坡度应不大于 10%；土壤中不应有树枝、砖石块等杂物；机械作业时，土壤含水率应低于 20%。

固定道作业模式下施基肥、耕整地时，应配置标准轮距、短轴距动力机械，只对垄体部分进行作业，保持沟平沟清。

六、适宜区域

长江中下游、长三角地区。该区域有常年消费绿叶菜的饮食习惯，市场需求稳定；农业劳动力普遍短缺，劳动力成本较高；夏季高温多雨，冬季偶有霜冻，温度一般在0℃以上；沿海沿江为沙性土壤，太湖流域及丘陵地带多为黏性土壤。本模式除适合连栋塑料大棚外，也适合跨度为8 m单体塑料大棚和露地绿叶菜机械化生产。

七、典型案例

（一）南通强盛农业科技发展有限公司

公司拥有连栋玻璃温室80亩、连栋塑料大棚280亩，8 m跨度单体塑料大棚280亩，是江苏省蔬菜标准园之一。公司已推广应用设施绿叶菜全程机械化模式350亩，通过采用机械撒施有机肥、机械旋耕起垄、机械直播、机械植保、机械收获、机械尾菜直接还田等全程机械化生产模式，大量节省劳动力，提升产品品质，经济效益明显，与全程机械化之前比较，350亩设施绿叶菜年均利润增加90万元左右。

（二）南京亮勇农副产品专业合作社

合作社拥有连栋塑料大棚50亩，常年设施机械化生产鸡毛菜、茼蒿、菠菜等特色绿叶菜，就近销往南京市场，年均7茬。合作社采用1.5 m垄型固定道设施种植模式，选配等轮距动力机械及作业机械，实现了机械撒施基肥、机械耕整地、机械播种、水肥一体化自动控制、机械植保、机械收获、机械搬运等全程机械化作业，节本增效显著。2021年对比同类设施常规种植，全程机械化加固定道作业使产品合格率平均提升25%，节本28.88万元，其中，亩节省人工4 200元，亩节省肥料1 400元，亩节省种子175元。

（三）江苏启东市嘉禾力农业发展有限公司

公司拥有连栋大棚设施面积100亩，主要种植青菜类叶菜，实施该机械化生产模式以来，实现了青菜种植耕整地、起垄、播种、水肥管理、植保、收获等关键环节机械化作业，田间固定用工成本减少 30% 左右。

第五节　连栋大棚叶类蔬菜 DFT 栽培模式

一、模式概述

通过在连栋大棚里建设营养液池，融合气候自动化控制、深液流（DFT）水培、自动化播种—移栽—收获等技术，建立叶类蔬菜自动化生产流水线、水—肥—药精准管理系统、气候环境自动调控系统和精准决策系统，实现叶类蔬菜的无土化栽培、自动化作业与环控、工厂化生产，构建形成连栋大棚叶类蔬菜 DFT 栽培模式。

本模式具有以下主要优点：提高复种率和亩产量，比传统种植方法提高了 3～5 倍的复种率，年亩产可达 20～25 t；可节约土地 40%，节水 80%，节省人力成本 90%，基本上不使用农药；蔬菜品质高；可利用荒岛、盐碱地等非耕地进行生产。

二、技术路线（图 5-11）

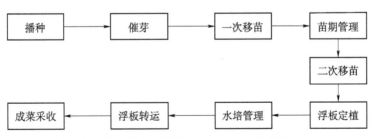

图 5-11　连栋大棚叶类蔬菜 DFT 栽培模式技术路线

三、关键环节技术要点

严格遵照 GAP 规范、标准和工艺要求进行。生产环节主要包括：播种→催芽→移栽与育苗→培育→采收。

其中培植装备（浮板）在生产的采收环节后被采收流水线输送至清洗消毒机进行清洗消毒后，又回到播种环节而重复循环使用。

1. 播种

（1）品种选择。适宜种植散叶生菜（不含结球生菜）、奶油生菜、苦菊、上海青、芹菜等叶类蔬菜。因此要向具有种子经营许可的正规种子公司（企业）选购优质消毒的成品包衣种子。

（2）农艺要求。播前将泥炭、珍珠岩、蛭石按比例加水混合均匀，制成含水量为 70% 左右的专用基质，由自动装填机装入消毒后的种植穴盘并打孔备用。

（3）作业要点。根据不同的种子选用合适的滚筒。自动播种生产线对 162 孔穴盘精准完成基质填充、播种、覆土、洒水等作业。该自动播种生产线由分离器、基质供应机、精量播种机、覆土机和自动洒水五部分组成。播种时，相继完成穴盘分离、基质填充、播种及洒水等功能。

（4）优势比较。自动化播种技术相对于传统蔬菜播种，具有明显的优势，一是以 162 孔穴盘育苗代替翻耕整地筑畦等多种劳作；二是作业效率可达 13 万粒 /h；三是播种质量高，漏播率＜3%；四是比人工播种可节约劳动力 90% 以上；五是不受气候和地域条件的限制。

2. 催芽

（1）农艺要求。为提高种子发芽的出齐率，将已播种的育苗穴盘用规格 50 cm×30 cm×20 cm 的塑料框分层叠放，置于无光照催芽房中进行催芽。

（2）作业要点。利用具有恒温、微风、黑暗功能和装有补光装置的催芽房进行催芽。环境温度 18～20℃，时间 1～3 d。种子发芽后补充光照，适当通风和浇水，环境温度保持在 20～25℃，重点防止不合格的高脚苗等弱苗产生，时间为 3～5 d。

（3）优势比较。催芽房及其控制技术，可以大大提高出苗率和秧苗质量、降低人工成本和劳动强度，提高经济效益。

3. 一次移苗与潮汐育苗

由于种子发芽率存在差异，幼苗移栽前需进行补苗作业，使进入潮汐育苗阶段的幼苗成活率达 99%。

（1）农艺要求。幼苗露心后即可进行一次移栽作业，完成后转移至潮汐苗床进行幼苗培育，一般 14～22 d。幼苗株、行距为 8.2 cm×8.2 cm，其间进行合理灌溉、育苗区环境控制、病虫害防治。

（2）作业要点。幼苗露心后进行移植，通过一次移栽机将162孔穴盘上的幼苗移栽到18孔穴盘上。全自动化一次移栽机由分离器、基质填充机、换向及打孔装置、幼苗移栽装置四部分组成，相继完成穴盘分离、基质填充、幼苗移栽等工序，作业效率最高可达12 000株/h。移苗完成后转移到潮汐苗床进行潮汐培育，一般14～22 d。幼苗株、行距为8.2 cm×8.2 cm，其间进行合理灌溉、育苗区环境控制、病虫害防治管理。

（3）优势比较。传统苗期生产为达到壮苗和长势齐整，菜农在苗期必须进行简苗和补种，此作业耗时耗力，每天每亩至少有5个强劳力才能完成。而采用一次移栽机作业，只要1人操作、作业不到1 h即可完成。可节约劳动力97.5%以上。

4. 二次移苗及水培

（1）农艺要求。幼苗长至3叶1心时进行二次移栽作业，完成后通过流水线将幼苗转移至营养液池进行水培，种植时间24～36 d。营养液液层深30～35 cm，推荐营养液池为长64 m×宽8 m，种植株、行距（11.4 cm×18 cm）～（21.3 cm×22.8 cm）。其间进行水培区环控、营养液调控、病虫害防治管理。

（2）作业要点。幼苗长至3叶1心时，通过二次移栽机将18孔穴盘上的幼苗连同种植杯，移栽到32孔定植浮板上。全自动二次移苗机由浮板输送线、穴盘输送线、机械手装置3个部分组成，作业效率最高可达4 500株/h；移栽完成后幼苗通过流水线转移至营养液池放苗端时，由自动放苗机械手臂抓取定植浮板，放入营养液池进行水培。

（3）优势比较。人工种植蔬菜，种植每亩至少需要6个工日。而采用二次移栽机移栽只要2 h即可完成。

5. 营养液循环及DFT水培技术

（1）农艺要求。营养液循环系统是DFT水培技术的关键，直接影响蔬菜的正常生长以及产量和品质。需做好营养液的调控、栽培区环控及病虫害防治工作。每日检测营养液的EC控制值（1.5～1.8 mS/cm）、pH控制值（5.5～6.5）、溶氧量控制值（6～10 mg/L）、水温控制值（15～22℃）等重要参数。

（2）作业要点。通过计算机控制营养液循环系统对蔬菜进行水肥灌溉。在施肥系统管控下，把调配好的营养液，经管道注入营养液池，供给种植浮板上的蔬菜生长所需的营养物质和水分。当 EC 值低于 1.5 mS/cm 时，施肥机自动抽取浓缩母液添加至营养液中，直至 EC 值达到 1.5～1.8 mS/cm；当 pH 值低于 5.5 时，施肥机自动抽取碱液调和；当 pH 值高于 6.5 时，施肥机自动抽取酸液调和。营养液应保持循环流动，回流过程中进行紫外线臭氧灭菌消毒处理。营养液自动循环系统始终将营养液各参数控制在适宜叶菜生长的范围内。

（3）优势比较。通过营养液循环系统、DFT 技术运用以及防虫网、黄板等物理防治方法，系统管理员每天用时不足 1 h，生育期累计不超过 3 个工作日。节时省工效果十分明显。

6. 品质管理

（1）增氧。增氧机采用分子筛把空气中的氮气与氧气分离，得到高浓度的氧气，并注入营养液中提高其溶氧量。一般可达到 6～10 mg/L，满足蔬菜根系的呼吸需求，减少根腐病、叶枯病等的发生。

（2）加硒。采用量子富硒机将硒矿石中的硒元素溶解于水后，均匀添加在营养液中由蔬菜根部吸收生长成为富硒蔬菜。

7. 采收

（1）农艺要求。水培时间一般为 24～36 d。蔬菜应适时采收，避免因种植期过长，造成粗纤维含量偏高而降低蔬菜品质。

（2）作业要点。蔬菜生长至采收标准时，通过自动收菜机械手臂抓取定植浮板置于流水线上，输送至切根机切除根须后，再输送至成品采收包装工位，进行收割、分拣、包装，然后进入冷库储存或直接冷链配送至市场。

（3）优势比较。自动收割流水线采收蔬菜，一般比传统的人工采收节省人工 2/3 以上。

8. 尾菜处理

对采收包装时切割下来的根须和剥离的老叶残菜等，经沤肥后利用。

9. 清洗消毒

蔬菜成品采收结束时，经流水线自动将浮板及空盘送往自动清洗消毒机进行清洗消毒。处理后码放于二次移栽机前端，等待下一循环时重复使用。

四、机具配套方案（表5-5）

表 5-5　机具配置方案

序号	生产环节		机具名称	功能	技术参数与特征	配套机具	备注
1	播种		滚筒式播种机	穴盘分离、基质填充、洒水	最大生产效率13万粒/h，漏播率<3%，播后洒水使基质含水量达90%以上	1台	必备
2	催芽		催芽房	催芽、补光	暗室，环境温度保持在18~20℃	1套	必备
3	一次移苗与潮汐育苗		一次移栽机、潮汐育苗床	移苗、育苗	完成穴盘分离、覆土、幼苗转移等功能，最大产能12 000株/h	1套	必备
4	二次移苗及水培		营养液池、浮板、二次移栽、机械手臂、推板机	移苗、放苗、水培	营养液池深300~350 mm，营养液池长宽64 m×8 m；浮板株、行距（114 mm×180 mm）~（213 mm×228 mm）	1套	必备
5	营养液循环、水培		营养液循环系统、深液流（DFT）水培	营养液的调控，水培区域的环控和病虫害防治	每日检测水体EC、pH值、溶氧量、水温等重要参数；由计算机控制营养液的调节和循环	1套	必备
6	品质管理	增氧	增氧机或充气机	促进根系发育，减少烂根枯叶（根腐病、叶枯病等）发生	溶氧量一般6~10 mg/L	按种植面积配套	必备
7		加硒	量子富硒机	促进蔬菜吸收硒元素	添加在营养液中，由蔬菜根部吸收	按种植面积配套	可选
8	采收		采收流水线、机械手	捞取蔬菜、收割	流水线推板机构将适宜采摘的蔬菜浮板自动推移至收割端，机械手将浮板从池面捞出置于流水线上	1套	必备
9	清洗消毒		自动清洗消毒机	采收流水线末端处理	穴盘及浮板每次使用完毕后，自动送至清洗消毒机清洗消毒。处理后进入下一轮移栽种植	1套	必备

五、应用提示

蔬菜种植大棚的结构改进。根据当地温度、湿度、雨量等气候特点，可在普通大棚的结构上增加双层可通风内遮阳网系统、湿帘风机降温系统、顶部通风窗、山墙双侧开窗等结构。

蔬菜种植大棚的控制系统改进。应采用计算机自动环境控制系统，自动检测大棚内外的温度、湿度、光照强度等数据，自动控制大棚顶部天窗、遮阳系统、风机、湿帘等设施的启停，减少种植管理者凭经验操作的误判概率，使蔬菜生长在适宜的生长环境，提高品质及产量。

六、适宜区域

本模式适用于连栋（薄膜或玻璃）温室。在可控环境条件下实现周年种植散叶生菜、奶油生菜、苦菊、上海青等叶类蔬菜作物。并可利荒岛、盐碱地等极端贫瘠地块种植，生产循环复种，规模用地可大可小，适宜全域推广。

七、典型案例

（一）浙江省台州绿沃川农业有限公司

绿沃川农业有限公司 2013 年引进荷兰的温室大棚水培蔬菜生产技术，建设规模为 37 亩的温室大棚水培蔬菜生产基地，成为浙江省首例的"精准循环利用水和肥料高复种率无污染工业化绿色果蔬无土栽培"项目的现代农业企业。以"机器换人"的创举，展示了"现代设施农业的温室花叶生菜／叶类机械化生产模式"的巨大作用和魅力。由于应用高度的工厂化生产和自动化作业的蔬菜机械化生产，通过系列的 GAP、标准化以及卓越管理模式，生产的蔬菜屡经权威检测机构抽检（飞检），报告载明无重金属污染和农残留，成为绿色高品质安全食用农产品。2016 年成为 G20 杭州峰会食材总仓供应企业。

（二）广州绿沃川高新农业科技有限公司

2017 年 6 月，在广州市花都区赤坭镇，成立主要以生态蔬果种植，兼营淡水产品养殖、农村电子商务、农业旅游观光、农业种植技术培训服务等为一体的多元化田园综合体。总占地面积 339 亩,其中建有智能蔬菜种植大棚 22 011 m²（33 亩），取得 GAP 一级认证（良好农业规范）、绿色食品证书、无公害农产品证书，是粤港澳大湾区"菜篮子"生产基地。

（三）山东绿沃川智慧农业示范园

2019 年由兰陵农垦实业总公司和台州绿沃川农业有限公司投资建设，总投资 2.1 亿元人民币。项目总占地面积 341 亩，总设施面积达 140 000 m²（210 亩），其中建有水培蔬菜智能化玻璃温室 25 344 m²（38 亩）。园区内水培叶菜蔬菜，采用无污染基质栽培方法；蔬菜活体带根销售，保证水分营养不流失，可存活 3～7 d，蔬菜全都经过权威检测机构检验。日生产标准化水培蔬菜 3 t，叶菜蔬菜由过去的季节性供应提升为四季常供。投产运营至今，已成为山东蔬菜种植的现代生态农业智能化的标杆和引领者。

主要参考文献

宋元林, 李慧敏, 1992. 叶龄对甜椒秧苗素质和产量影响的研究[J]. 中国蔬菜(2): 4-7.

武东, 胡建平, 汪宽鸿, 等, 2023. 全自动蔬菜移栽机发展现状与趋势[J]. 长江蔬菜 (24): 1-3.

杨怀君, 张鲁云, 李文春, 等, 2023. 耕整地机械发展现状与对策建议[J]. 农业工程(9): 5-11.

张宏伟, 2019. 北方林果机械化采收技术研究及进展（以苹果为主）[J]. 农业开发与装 备(3): 153.

张义, 刘云利, 刘子森, 等, 2021. 植物生长调节剂的研究及应用进展[J]. 水生生物学报, 45(3): 700-708.